中国地质调查成果 CGS 2024-026　资金资助
南方重点生态区生态保护修复支撑调查工程

中国南方重点生态区自然资源图集

ATLAS OF NATURAL RESOURCES IN KEY ECOLOGICAL REGIONS OF SOUTHERN CHINA

徐宏根　田　辉　郭　军　戴亮亮　罗敏玄　李　毅
赵　浩　张　亚　李习文　赵萌生　耿百利　董好刚　编著

内容摘要

中国南方重点生态区生态修复支撑调查工程是以习近平生态文明思想为指导，聚焦国家生态文明建设、国土空间生态保护修复需求和自然资源部的生态保护修复职责，以支撑生态文明建设、国土空间规划、区域重大发展战略和新城镇化建设为目标，在南方重点生态区选取典型地区、重要流域、湖泊湿地开展生态修复综合调查，查明生态地质条件及其演化规律，逐步构建"调查—监测—评价—修复示范"全链条支撑服务体系，开展生态修复综合调查研究，提出支撑服务国土空间规划和生态保护修复的地学建议或解决方案。

中国南方重点生态区自然资源图集共计六大类，涵盖自然地理，地质与水文地质，自然资源，地质环境，地质文化与旅游地质，能源与资源的分布、保护、开发与利用状况等多方面内容。

图书在版编目（CIP）数据

中国南方重点生态区自然资源图集 / 徐宏根等编著 .—武汉：中国地质大学出版社有限责任公司，2024.12.—ISBN 978-7-5625-6036-4

Ⅰ . X372-64

中国国家版本馆 CIP 数据核字第 2024Z1Y651 号

审图号：GS（2024）4416 号

中国南方重点生态区自然资源图集

徐宏根　等编著

| 责任编辑：舒立霞 | 选题策划：江广长　段　勇 | 责任校对：徐蕾蕾 |

出版发行：中国地质大学出版社（武汉市洪山区鲁磨路388号）　　邮编：430074
电话：（027）67883511　　传真：（027）67883580　　E-mail:cbb@cug.edu.cn
经销：全国新华书店　　http://cugp.cug.edu.cn

开本：880mm×1230mm　1/8　　字数：451千字　印张：14.25
版次：2024年12月第1版　　印次：2024年12月第1次印刷
印刷：湖北睿智印务有限公司

ISBN 978-7-5625-6036-4　　定价：268.00元

如有印装质量问题请与印刷厂联系调换

《中国南方重点生态区自然资源图集》
编委会

执行编辑委员会

主　编：徐宏根　田　辉　郭　军
副主编：戴亮亮　赵　浩　姚飞延
编　委：罗敏玄　张　亚　李习文　赵萌生　耿百利　李　毅　董好刚　黄凤寸　郭　威　唐　侥
　　　　聂小力　吴　丰　韩朝辉　傅开哲　徐　杰　巩　浩　黄加忠　毛　雄　赵明杰　杨孟娇
　　　　杨　涛　赵莉源　王郅睿　周施阳　欧阳舟　程琰勋　边达宇　李常辉　赵立磊　徐　磊
　　　　肖凯琦　彭志刚　汤恒佳　张士友　赵志刚　李子辉　黄锦彦　肖　巍　张　璜　李　腾
　　　　罗　昆　张　俊　许　真　李福超　蔡吴穹　郑　杰

前　言

中国南方重点生态区是指中国位于长江以南的地区，通常包括了华南、西南和华东南部地区。这片地区地理位置优越，气候湿润，地形复杂多样，拥有丰富的自然资源和多样化的生态景观，以其丰富多样的自然资源和独特的生态景观而闻名于世，是中国乃至世界上的重要生态区之一。

党的十八大以来，在习近平生态文明思想指引下，各地区和各部门积极响应党中央、国务院的号召，深入践行生态优先、绿色发展的理念，主动探索并实施山水林田湖草沙一体化保护和修复战略。在此过程中，持续推动重点防护林体系构建、水土保持工程、岩溶地区石漠化综合治理以及山水林田湖草沙生态保护修复等一系列重点生态工程的建设。这些举措不仅显著提升了国家和区域生态安全屏障的质量，还有效促进了生态系统的良性循环及人与自然的和谐共生，为经济社会的可持续发展提供了坚实而有力的生态底座。

《中国南方重点生态区自然资源图集》以直观、生动的形式展示了南方重点生态区的自然资源和生态系统，为公众提供了了解自然、认识生态的窗口，有助于提升公众对生态环境保护的意识，增强人们对自然资源价值的认识。本图集一是提供了比较详尽的自然资源数据和信息，可以为生态学家、环境科学家、政策制定者等提供参考，有助于科学评估生态系统的健康状况，制定更加合理、有效的生态保护和管理策略；另一方面反映了南方重点生态区的自然资源分布和特征，对于资源的合理开发、利用和管理具有重要意义，有助于优化资源配置，促进经济社会可持续发展。

在此，衷心感谢所有为本图集编写、编辑、提供数据支持的专家学者和工作人员的辛勤努力和无私奉献。希望本图集能够为中国南方地区自然资源研究、保护和利用提供一点帮助，共同推动中国南方地区可持续发展。鉴于笔者水平有限，难免存在瑕疵和遗漏之处，敬请大家谅解，并批评指正。

主编

2024 年 12 月

目 录

第一章 自然地理
南方重点生态区交通位置图 ... 2
南方重点生态区地势图 ... 3
南方重点生态区地貌图 ... 4
南方重点生态区水系图 ... 5
南方重点生态区降雨量等值线图 ... 6
南方重点生态区气温等值线图 ... 7
南方重点生态区人口密度图 ... 8
南方重点生态区区域经济图 ... 9
南方地区（陆地部分）鸟瞰图 ... 10

第二章 地质与水文地质
南方重点生态区地质简图 ... 12
南方生态功能区分布图 ... 13
南方重点生态区水文地质简图 ... 14
南方重点生态区成土母质图 ... 15
南方重点生态区土壤类型图 ... 16

第三章 自然资源
南方重点生态区森林资源分布图 ... 18
南方重点生态区草地资源分布图 ... 19
南方重点生态区湿地资源分布图 ... 20
南方重点生态区土地资源分布图 ... 21
南方重点生态区湖泊资源分布图 ... 22
南方重点生态区重要流域地下水资源图 ... 24
浙南诸河流域地下水资源图 ... 26
新安江流域地下水资源图 ... 28
汉中盆地地下水资源图 ... 30

第四章 地质环境
南方重点生态区石漠化分布图 ... 32
南方重点生态区地质灾害分布图 ... 33
南方重点生态区地质灾害易发程度分区图 ... 34
南方重点生态区重要农耕区土壤质量地球化学综合等级划分图 ... 35
云贵高原农耕区（楚雄州七县一市）表层土壤硼元素等六种养分等级划分图 ... 36
云贵高原农耕区（楚雄州七县一市）表层土壤锗元素等六种养分等级划分图 ... 38
云贵高原农耕区（楚雄州七县一市）表层土壤全氮等六种养分等级划分图 ... 40
云贵高原农耕区（楚雄州七县一市）表层土壤养分地球化学综合等级划分图 ... 42
云贵高原农耕区（楚雄州七县一市）表层土壤硒元素养分等级划分图 ... 44
云贵高原农耕区（楚雄州七县一市）表层土壤重金属环境地球化学等级划分图 ... 46
云贵高原农耕区（楚雄州七县一市）表层土壤环境地球化学综合等级划分图 ... 48
云贵高原农耕区（楚雄州七县一市）表层土壤质量地球化学综合等级划分图 ... 50
武陵山农耕区（湖南省凤凰县）表层土壤重金属元素等值线图 ... 52
武陵山农耕区（湖南省龙山县）表层土壤重金属元素等值线图 ... 54

武陵山农耕区（湖南省凤凰县、龙山县）富硒土地分布图 56

武陵山农耕区（湖南省凤凰县、龙山县）土壤质量综合评价图 58

洞庭湖农耕区（岳阳市）表层土壤镉、铬元素地球化学图 60

洞庭湖农耕区（岳阳市）表层土壤铜、汞元素地球化学图 62

洞庭湖农耕区（岳阳市）表层土壤镍、铅元素地球化学图 64

洞庭湖农耕区（岳阳市）表层土壤砷、锌元素地球化学图 66

洞庭湖农耕区（岳阳市）表层土壤质量综合等级及富硒土地分布图 68

南方重点生态区重要流域水环境质量现状评价图 70

浙南诸河流域水环境质量现状评价图 72

新安江流域水环境质量现状评价图 74

汉江流域陕西段地表水环境质量现状评价图 76

南方重点生态区重要水源涵养区土壤侵蚀评价图 78

大别山区西段2020年土壤侵蚀强度分布图 80

秦巴山区（汉江流域陕西段）土壤侵蚀敏感性评价图 82

热带雨林区（昌化江流域）2022年土壤侵蚀强度分布图 84

第五章　开发利用保护建议

南方重点生态区矿山环境修复区划图 88

南方重点生态区重要农耕区优质土地开发利用建议图 89

云贵高原农耕区（滇中楚雄地区）优质土地开发利用建议图 90

武陵山农耕区（湖南省凤凰县、龙山县）优质土地开发利用建议图 92

南方重点生态区重要水源涵养区水源涵养功能分区图 94

大别山区西段水源涵养功能效率指数分布图 96

秦巴山区（汉江流域陕西段）水源涵养功能分区图 98

第六章　地质文化与旅游地质

南方重点生态区地质文化村建设分布图 102

南方重点生态区地质遗迹分布图 103

南方重点生态区旅游资源分布图 104

地 理 底 图 图 例

✷	省级行政中心	-------	省级界	▬▬▬	南方地区界线
◉	地级行政中心	-------	地级界	▭	工作区范围
◎	县级行政中心	———	县级界	———	公路
⊙	乡（镇）行政中心	....	乡（镇）界	—•—	铁路
▲	山峰	———	海岸线	———	河流
—·—·—	国界	———	珊瑚礁	▬	水体

第一章 自然地理

南方重点生态区交通位置图

南方重点生态区地势图

南方重点生态区地貌图

南方重点生态区水系图

南方重点生态区降雨量等值线图

南方重点生态区气温等值线图

南方重点生态区人口密度图

南方重点生态区区域经济图

南方地区（陆地部分）鸟瞰图

南方重点生态区交通位置图

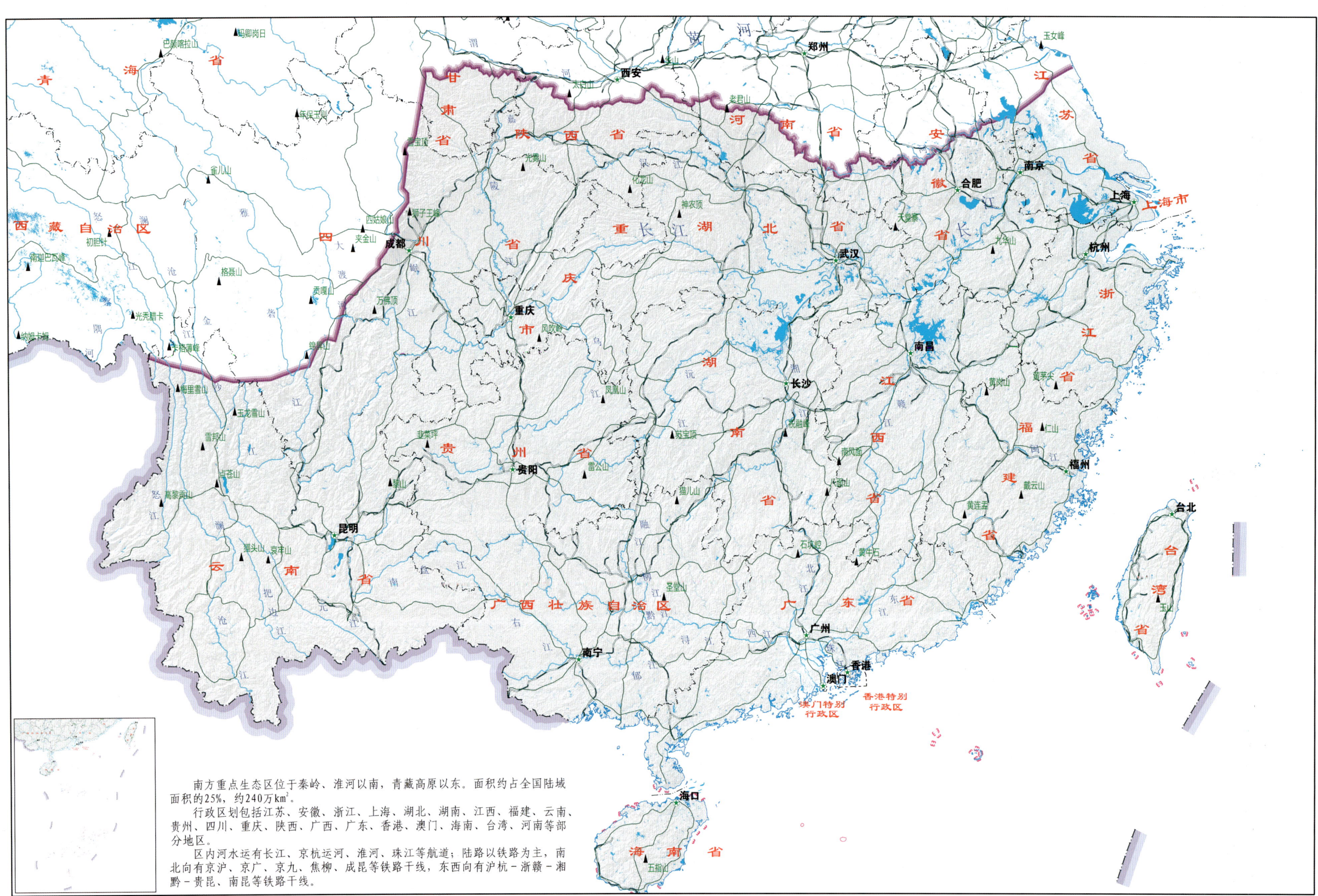

南方重点生态区位于秦岭、淮河以南，青藏高原以东。面积约占全国陆域面积的25%，约240万km²。

行政区划包括江苏、安徽、浙江、上海、湖北、湖南、江西、福建、云南、贵州、四川、重庆、陕西、广西、广东、香港、澳门、海南、台湾、河南等部分地区。

区内河水运有长江、京杭运河、淮河、珠江等航道；陆路以铁路为主，南北向有京沪、京广、京九、焦柳、成昆等铁路干线，东西向有沪杭－浙赣－湘黔－贵昆、南昆等铁路干线。

南方重点生态区地势图

南方地区地势西高东低，位于第二、三级阶梯。南方地区地势向海洋倾斜，一方面有利于海洋上湿润气流深入内地，形成降水；另一方面使许多大河滚滚东流，沟通了东西交通，方便了沿海和内地的经济联系。

区内主要地形区有长江中下游平原（江汉、洞庭湖、鄱阳湖、长江三角洲）、珠江三角洲平原、江南丘陵、四川盆地、云贵高原、横断山脉、南岭、武夷山脉、秦巴山地、台湾中央山脉、两广丘陵、大别山脉。

多种多样的地形为因地制宜发展农、林、牧、副多种经营提供了有利条件。

南方重点生态区地貌图

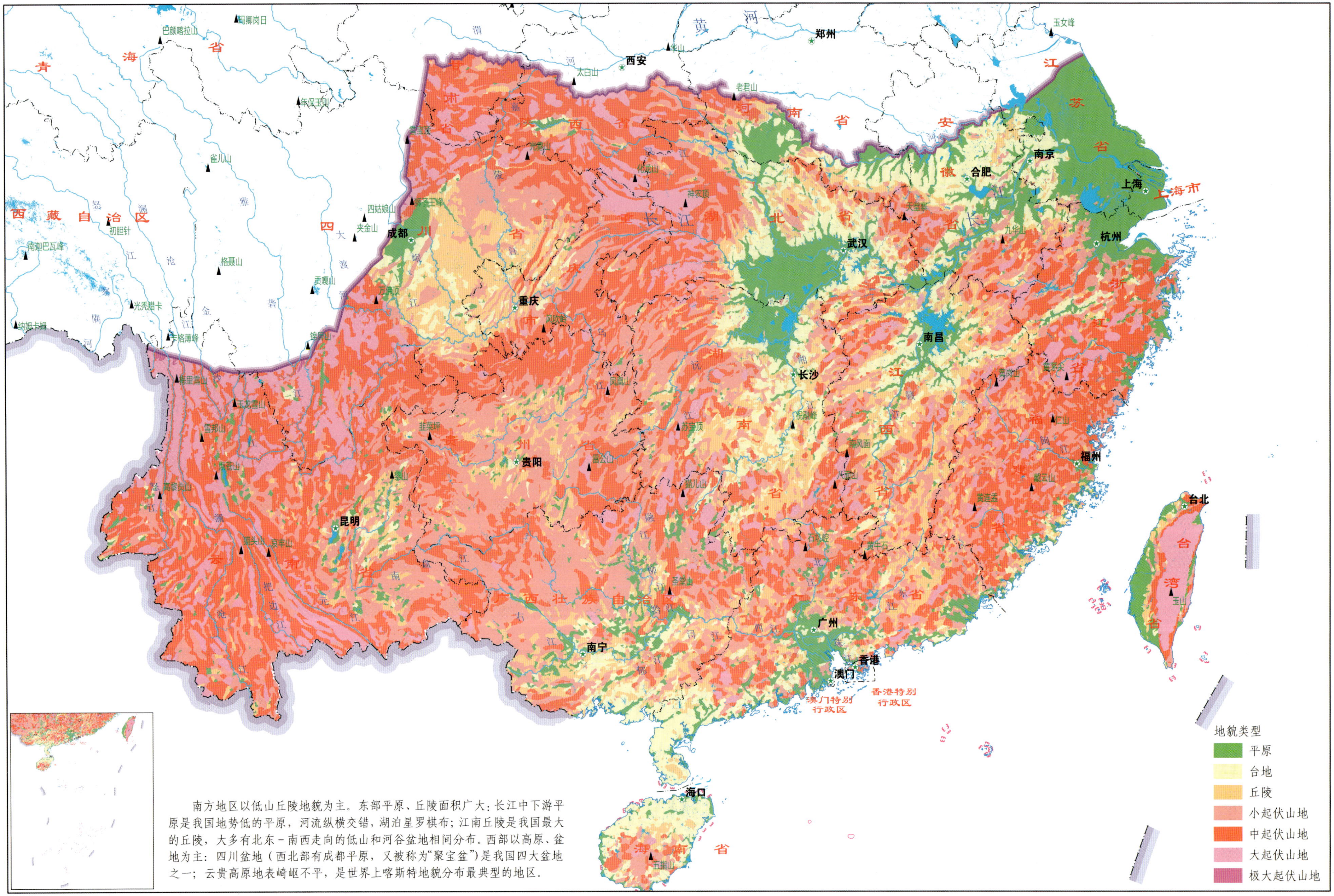

南方地区以低山丘陵地貌为主。东部平原、丘陵面积广大：长江中下游平原是我国地势低的平原，河流纵横交错，湖泊星罗棋布；江南丘陵是我国最大的丘陵，大多有北东－南西走向的低山和河谷盆地相间分布。西部以高原、盆地为主：四川盆地（西北部有成都平原，又被称为"聚宝盆"）是我国四大盆地之一；云贵高原地表崎岖不平，是世界上喀斯特地貌分布最典型的地区。

地貌类型
- 平原
- 台地
- 丘陵
- 小起伏山地
- 中起伏山地
- 大起伏山地
- 极大起伏山地

南方重点生态区水系图

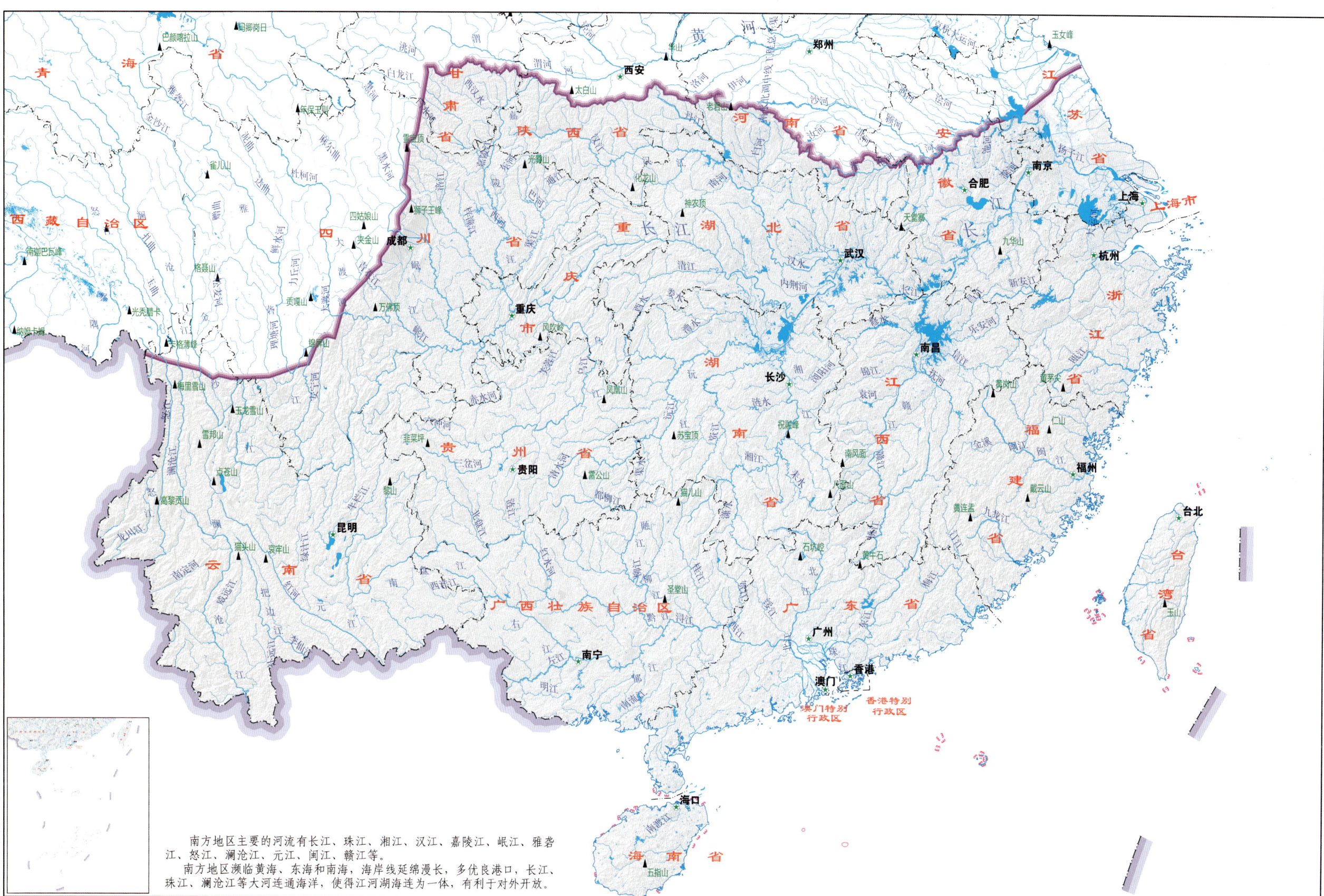

南方重点生态区降雨量等值线图

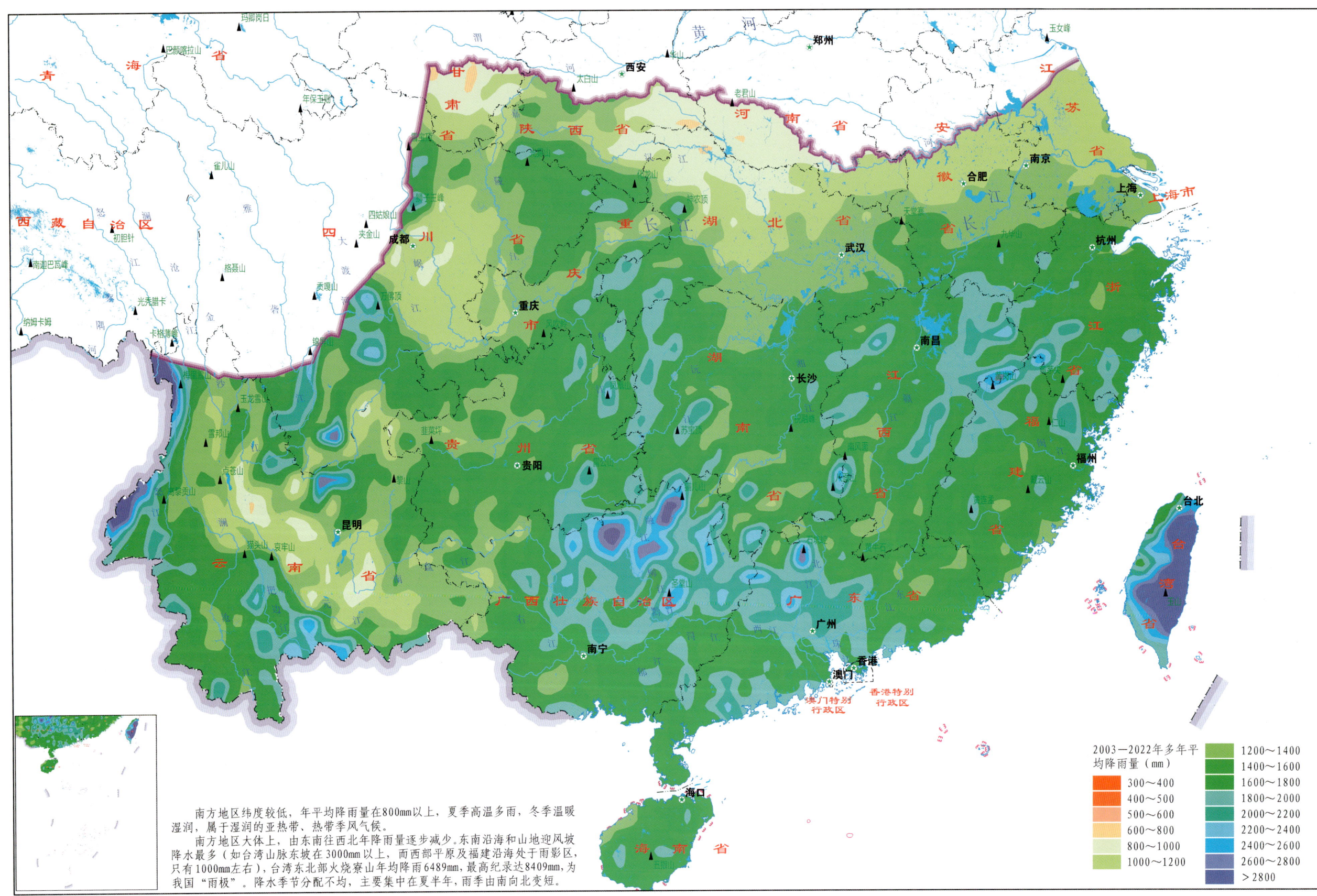

南方地区纬度较低，年平均降雨量在800mm以上，夏季高温多雨，冬季温暖湿润，属于湿润的亚热带、热带季风气候。

南方地区大体上，由东南往西北年降雨量逐步减少。东南沿海和山地迎风坡降水最多（如台湾山脉东坡在3000mm以上，而西部平原及福建沿海处于雨影区，只有1000mm左右），台湾东北部火烧寮山年均降雨6489mm，最高纪录达8409mm，为我国"雨极"。降水季节分配不均，主要集中在夏半年，雨季由南向北变短。

南方重点生态区气温等值线图

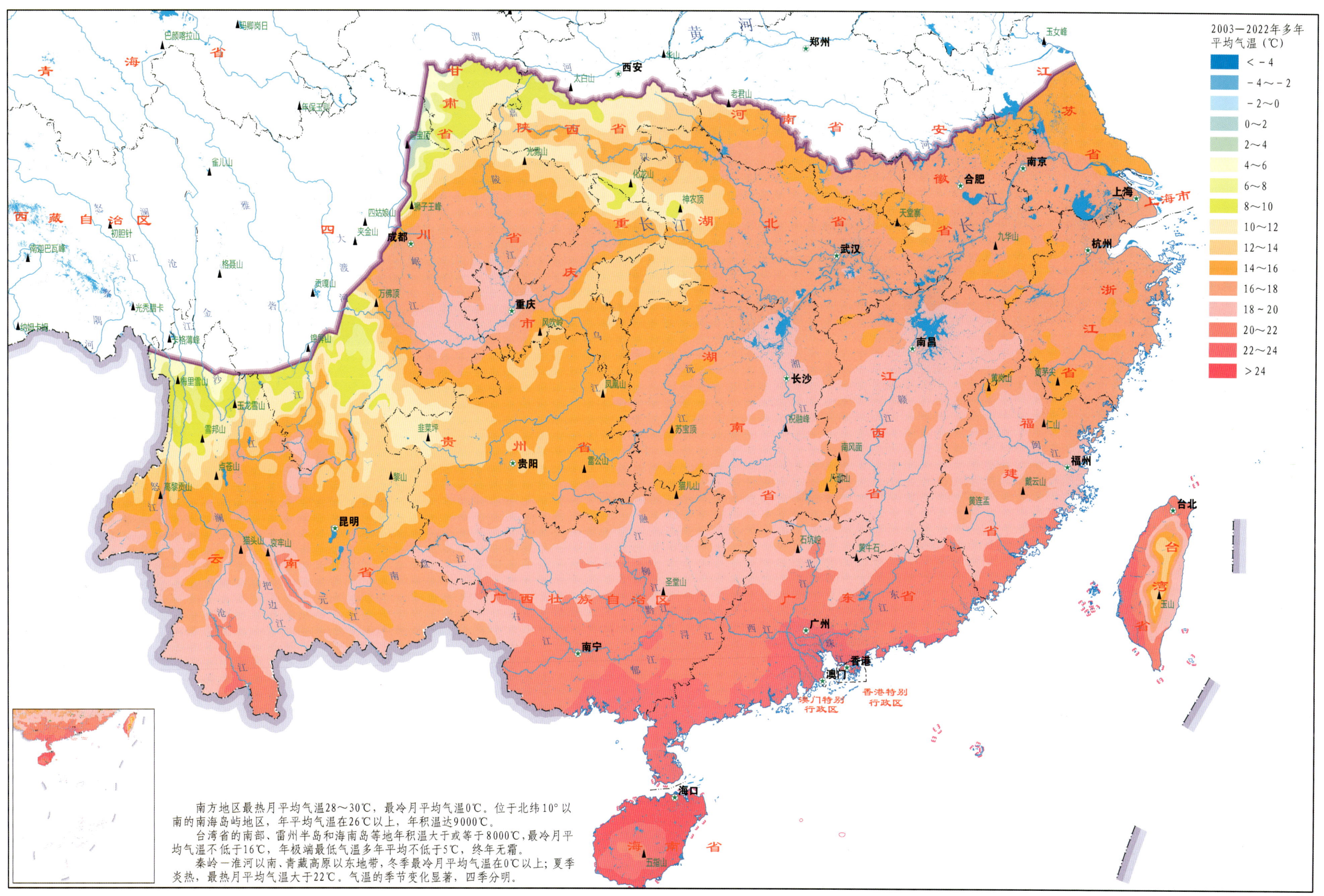

南方地区最热月平均气温28～30℃，最冷月平均气温0℃。位于北纬10°以南的南海岛屿地区，年平均气温在26℃以上，年积温达9000℃。

台湾省的南部、雷州半岛和海南岛等地年积温大于或等于8000℃，最冷月平均气温不低于16℃，年极端最低气温多年平均不低于5℃，终年无霜。

秦岭—淮河以南、青藏高原以东地带，冬季最冷月平均气温在0℃以上；夏季炎热，最热月平均气温大于22℃。气温的季节变化显著，四季分明。

南方重点生态区人口密度图

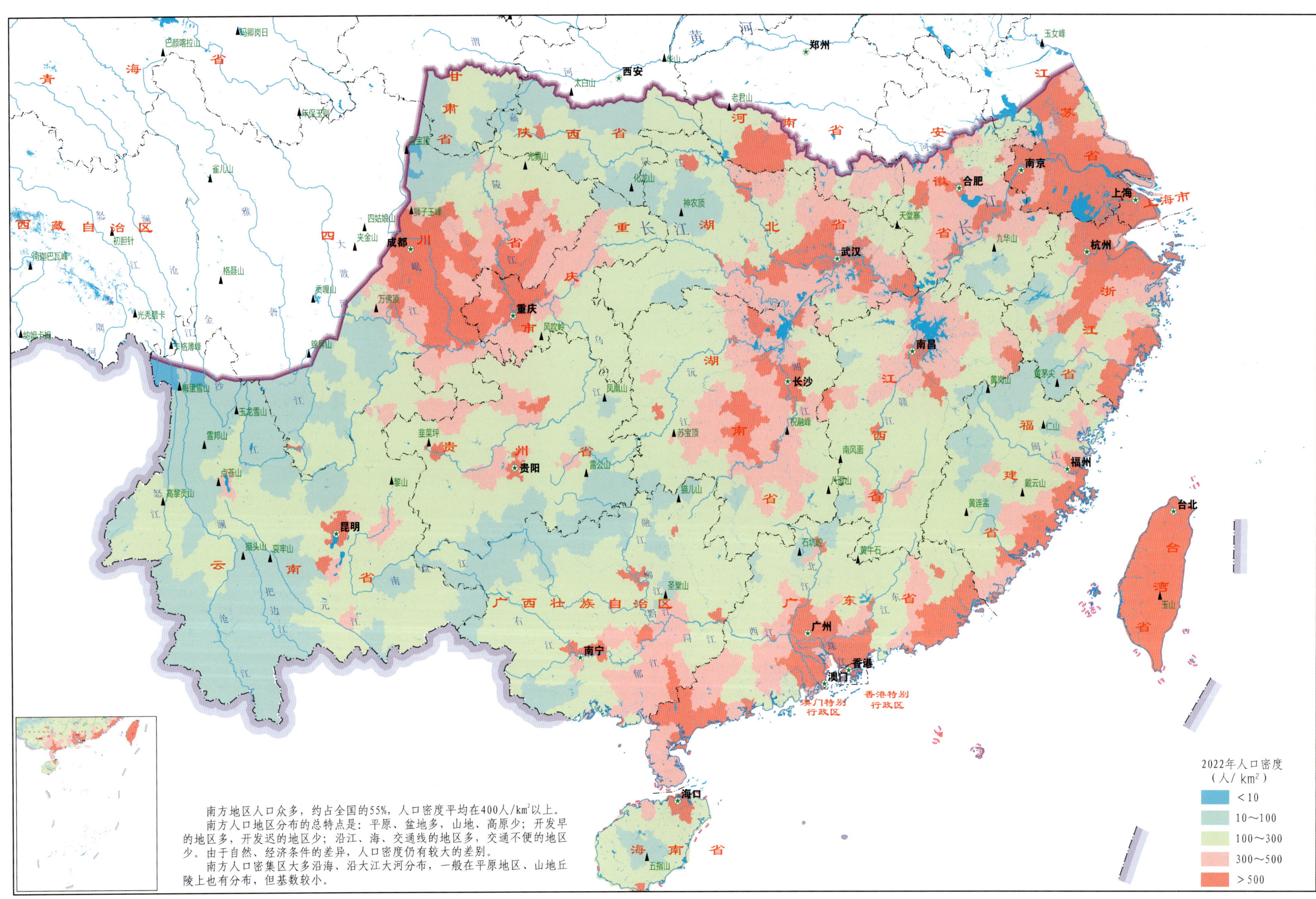

南方地区人口众多，约占全国的55%，人口密度平均在400人/km²以上。

南方人口地区分布的总特点是：平原、盆地多，山地、高原少；开发早的地区多，开发迟的地区少；沿江、海、交通线的地区多，交通不便的地区少。由于自然、经济条件的差异，人口密度仍有较大的差别。

南方人口密集区大多沿海、沿大江大河分布，一般在平原地区、山地丘陵上也有分布，但基数较小。

2022年人口密度（人/km²）
- <10
- 10~100
- 100~300
- 300~500
- >500

南方重点生态区区域经济图

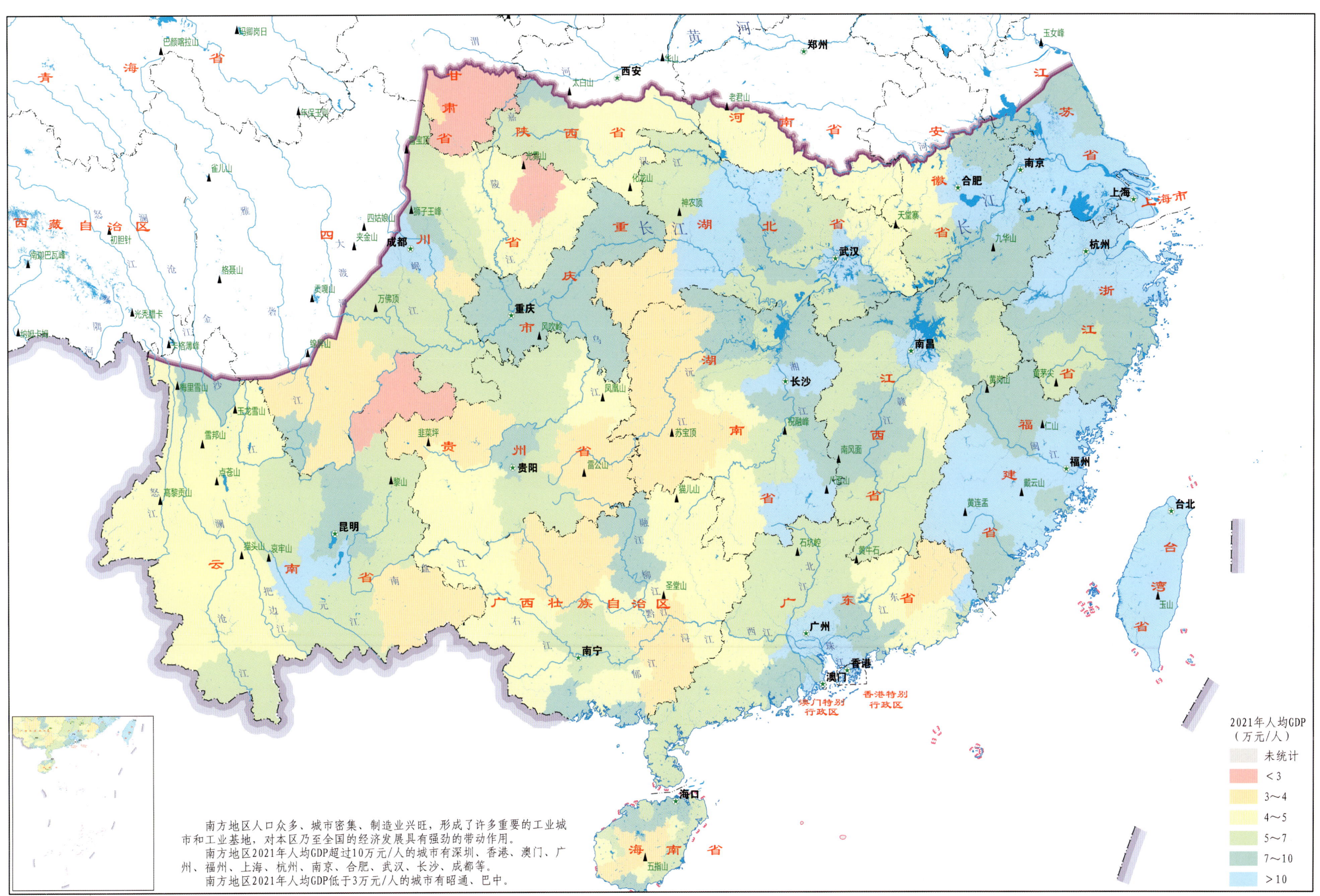

南方地区人口众多、城市密集、制造业兴旺，形成了许多重要的工业城市和工业基地，对本区乃至全国的经济发展具有强劲的带动作用。

南方地区2021年人均GDP超过10万元/人的城市有深圳、香港、澳门、广州、福州、上海、杭州、南京、合肥、武汉、长沙、成都等。

南方地区2021年人均GDP低于3万元/人的城市有昭通、巴中。

中国南方重点生态区自然资源图集

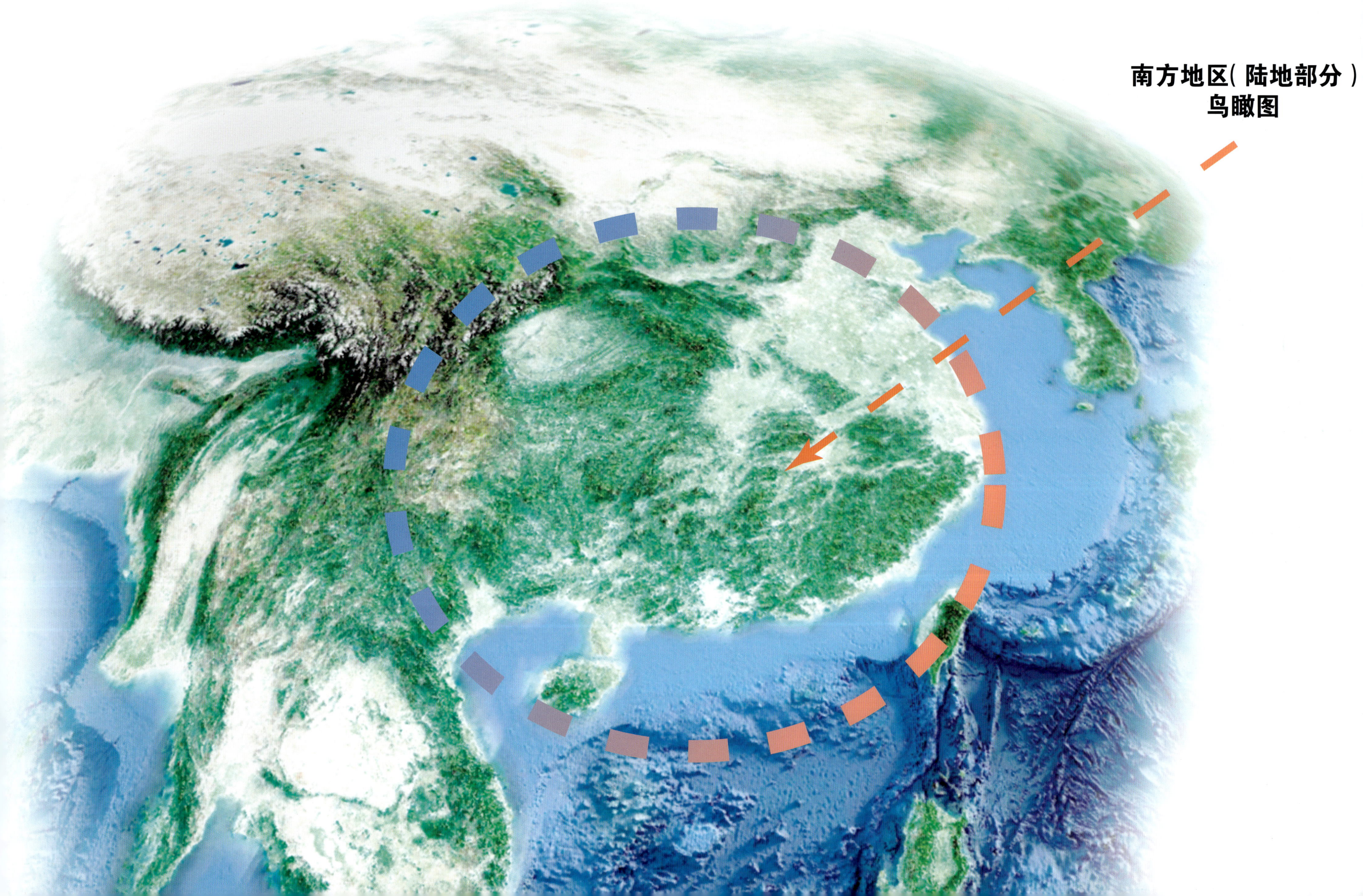

南方地区（陆地部分）鸟瞰图

第二章 地质与水文地质

南方重点生态区地质简图

南方生态功能区分布图

南方重点生态区水文地质简图

南方重点生态区成土母质图

南方重点生态区土壤类型图

南方重点生态区地质简图

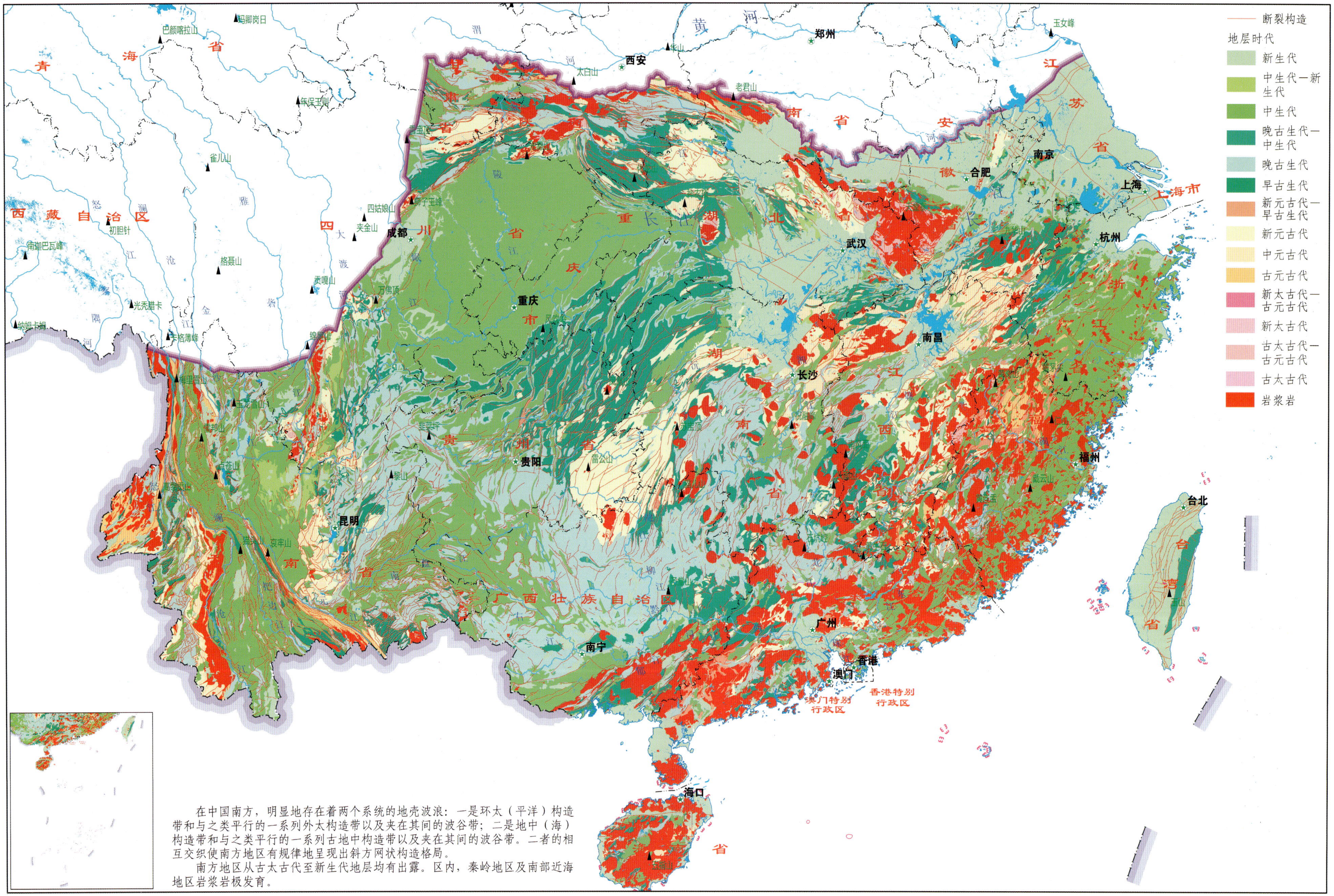

在中国南方，明显地存在着两个系统的地壳波浪：一是环太（平洋）构造带和与之类平行的一系列外太构造带以及夹在其间的波谷带；二是地中（海）构造带和与之类平行的一系列古地中构造带以及夹在其间的波谷带。二者的相互交织使南方地区有规律地呈现出斜方网状构造格局。

南方地区从古太古代至新生代地层均有出露。区内，秦岭地区及南部近海地区岩浆岩极发育。

南方生态功能区分布图

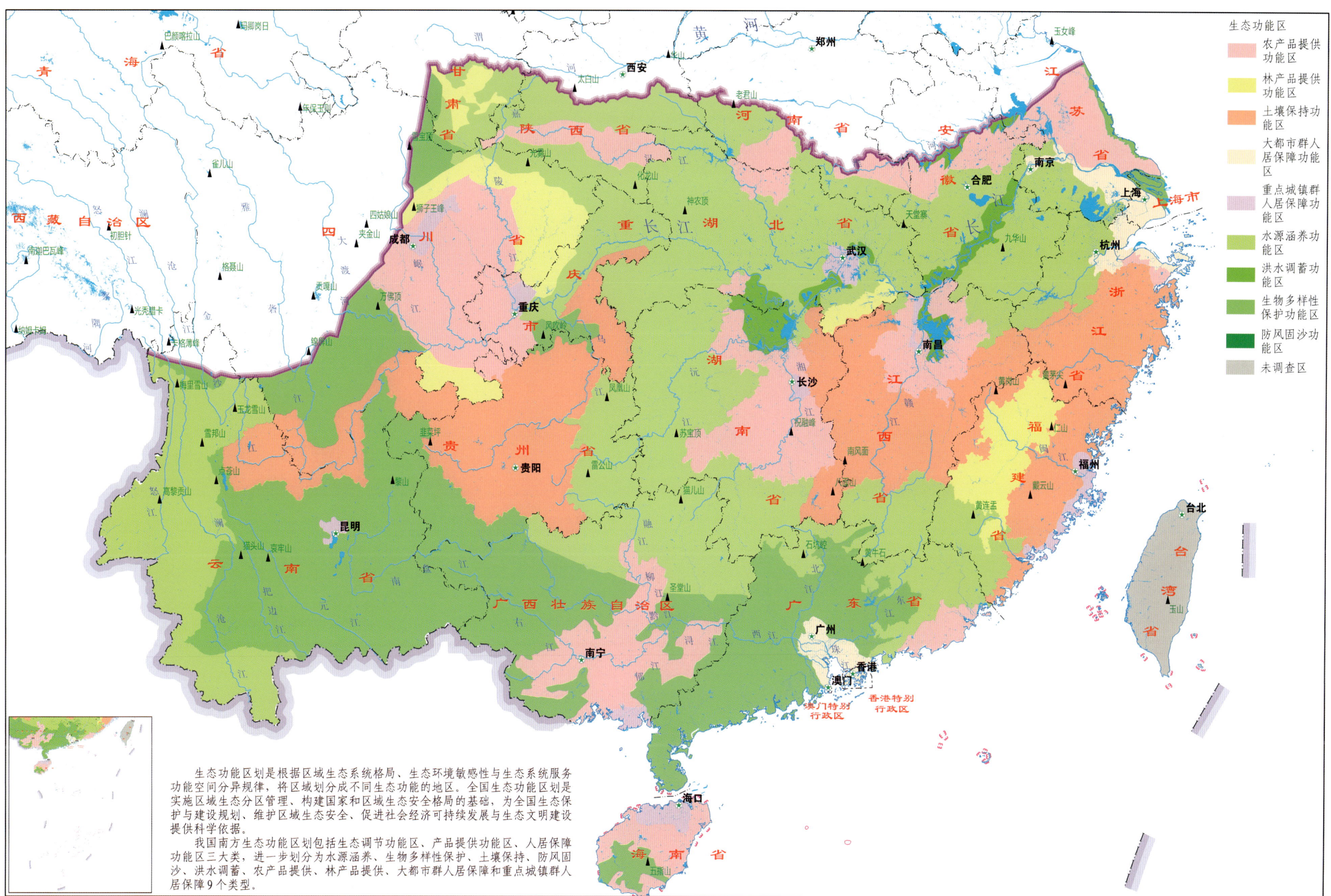

南方重点生态区水文地质简图

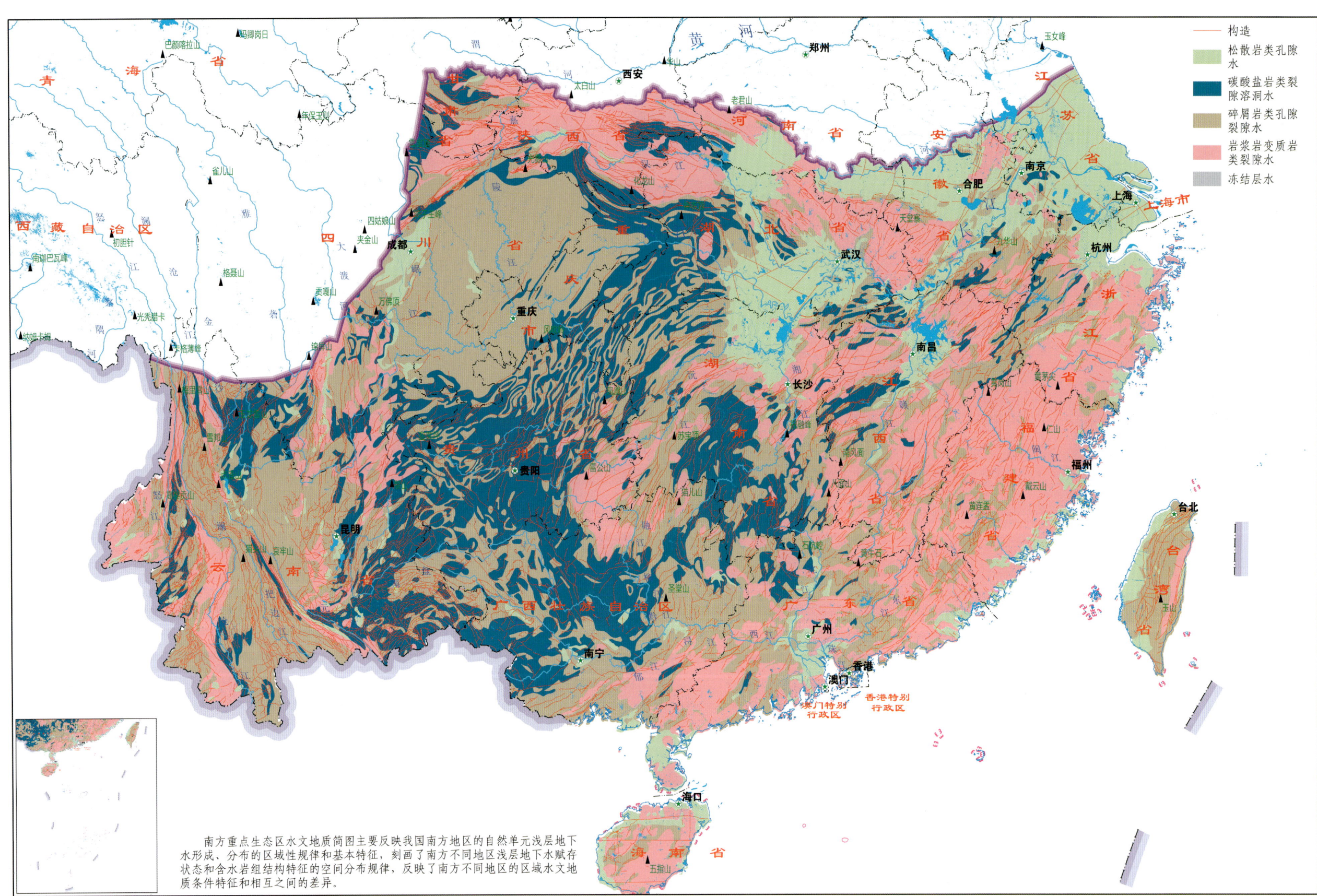

南方重点生态区水文地质简图主要反映我国南方地区的自然单元浅层地下水形成、分布的区域性规律和基本特征，刻画了南方不同地区浅层地下水赋存状态和含水岩组结构特征的空间分布规律，反映了南方不同地区的区域水文地质条件特征和相互之间的差异。

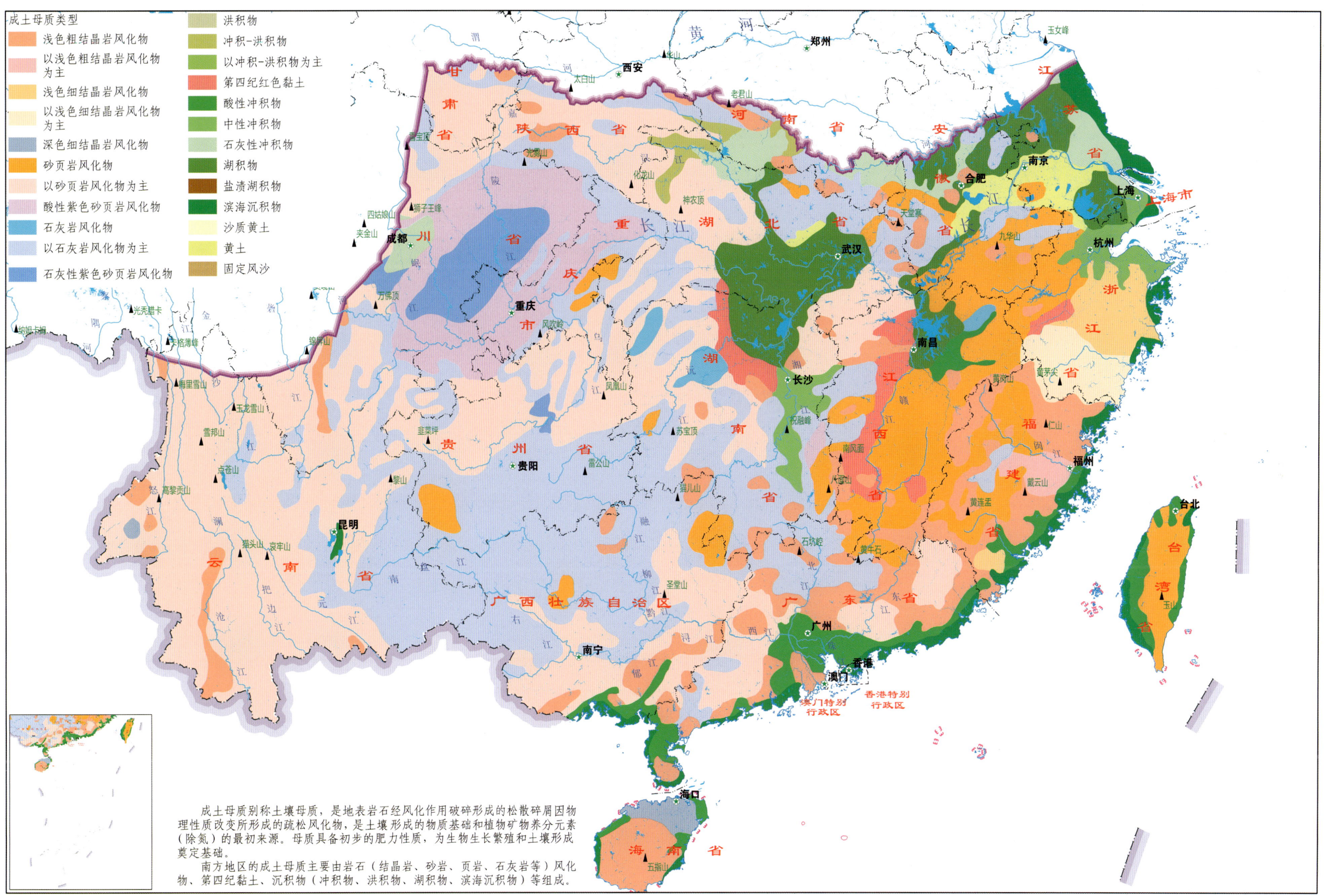

南方重点生态区土壤类型图

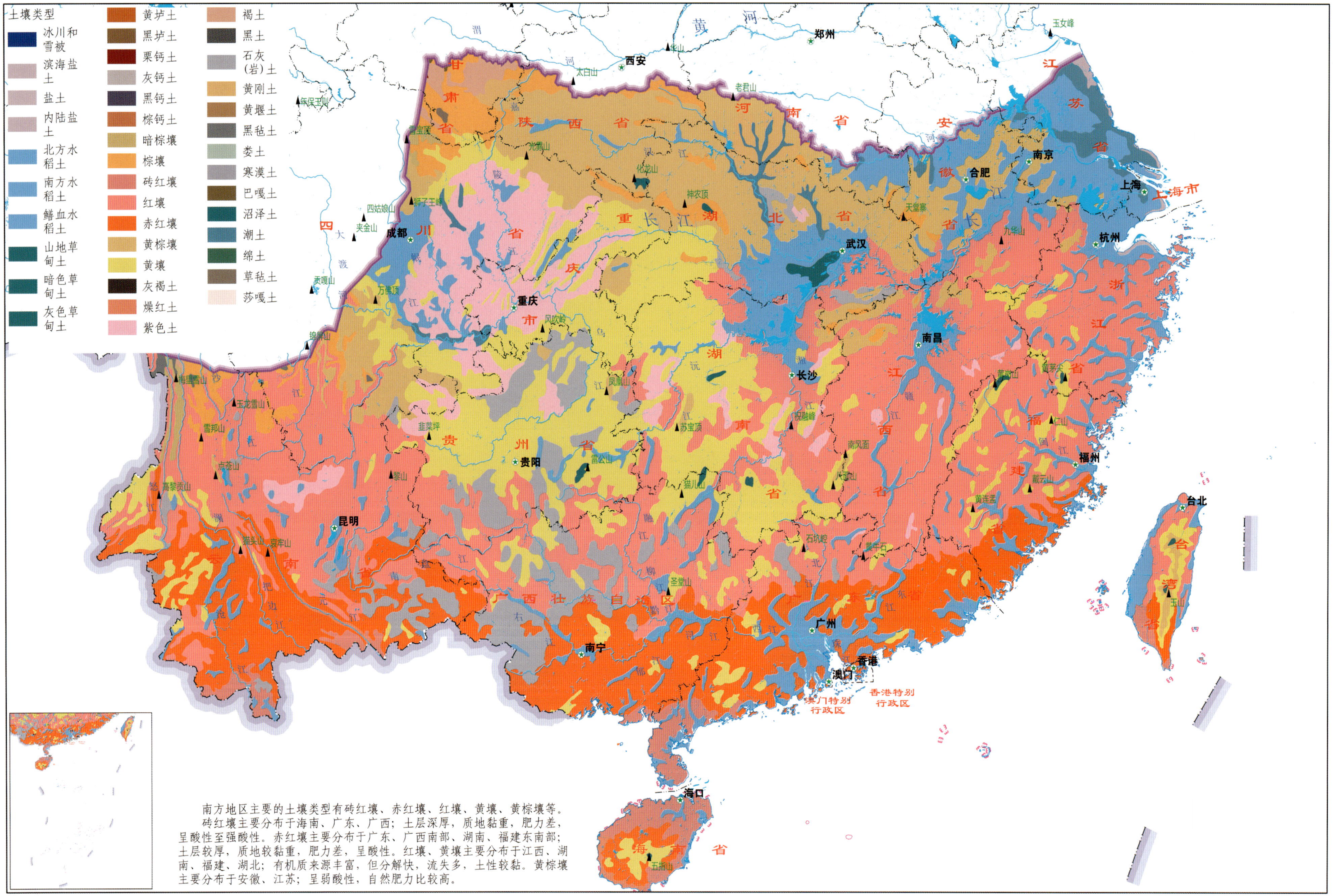

南方地区主要的土壤类型有砖红壤、赤红壤、红壤、黄壤、黄棕壤等。砖红壤主要分布于海南、广东、广西；土层深厚，质地黏重，肥力差，呈酸性至强酸性。赤红壤主要分布于广东、广西南部、湖南、福建东南部；土层较厚，质地较黏重，肥力差，呈酸性。红壤、黄壤主要分布于江西、湖南、福建、湖北；有机质来源丰富，但分解快，流失多，土性较黏。黄棕壤主要分布于安徽、江苏；呈弱酸性，自然肥力比较高。

第三章　自然资源

南方重点生态区森林资源分布图

南方重点生态区草地资源分布图

南方重点生态区湿地资源分布图

南方重点生态区土地资源分布图

南方重点生态区湖泊资源分布图

南方重点生态区重要流域地下水资源图

浙南诸河流域地下水资源图

新安江流域地下水资源图

汉中盆地地下水资源图

南方重点生态区森林资源分布图

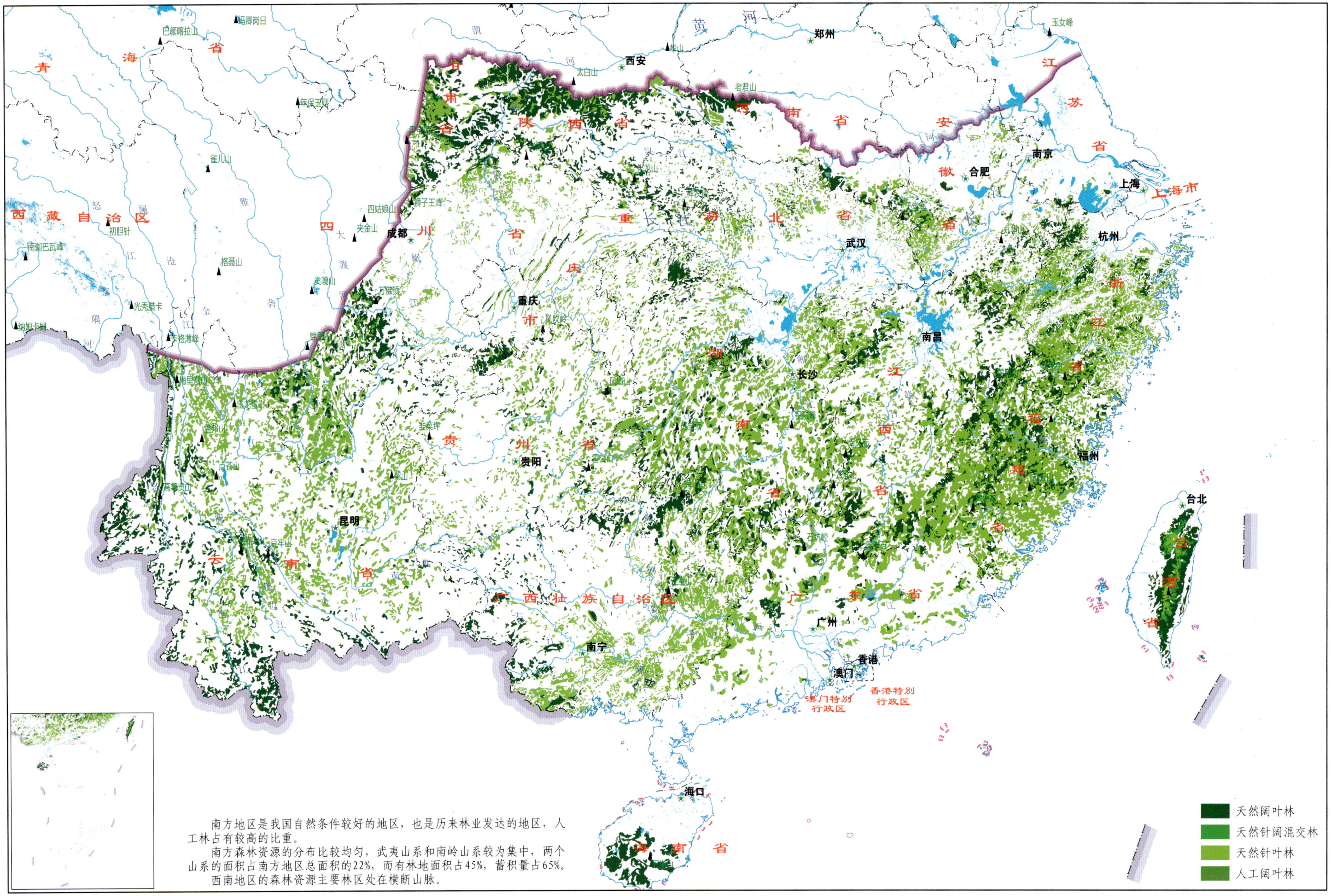

南方地区是我国自然条件较好的地区，也是历来林业发达的地区，人工林占有较高的比重。

南方森林资源的分布比较均匀，武夷山系和南岭山系较为集中，两个山系的面积占南方地区总面积的22%，而有林地面积占45%，蓄积量占65%。

西南地区的森林资源主要林区处在横断山脉。

图例：
- 天然阔叶林
- 天然针阔混交林
- 天然针叶林
- 人工阔叶林

南方重点生态区草地资源分布图

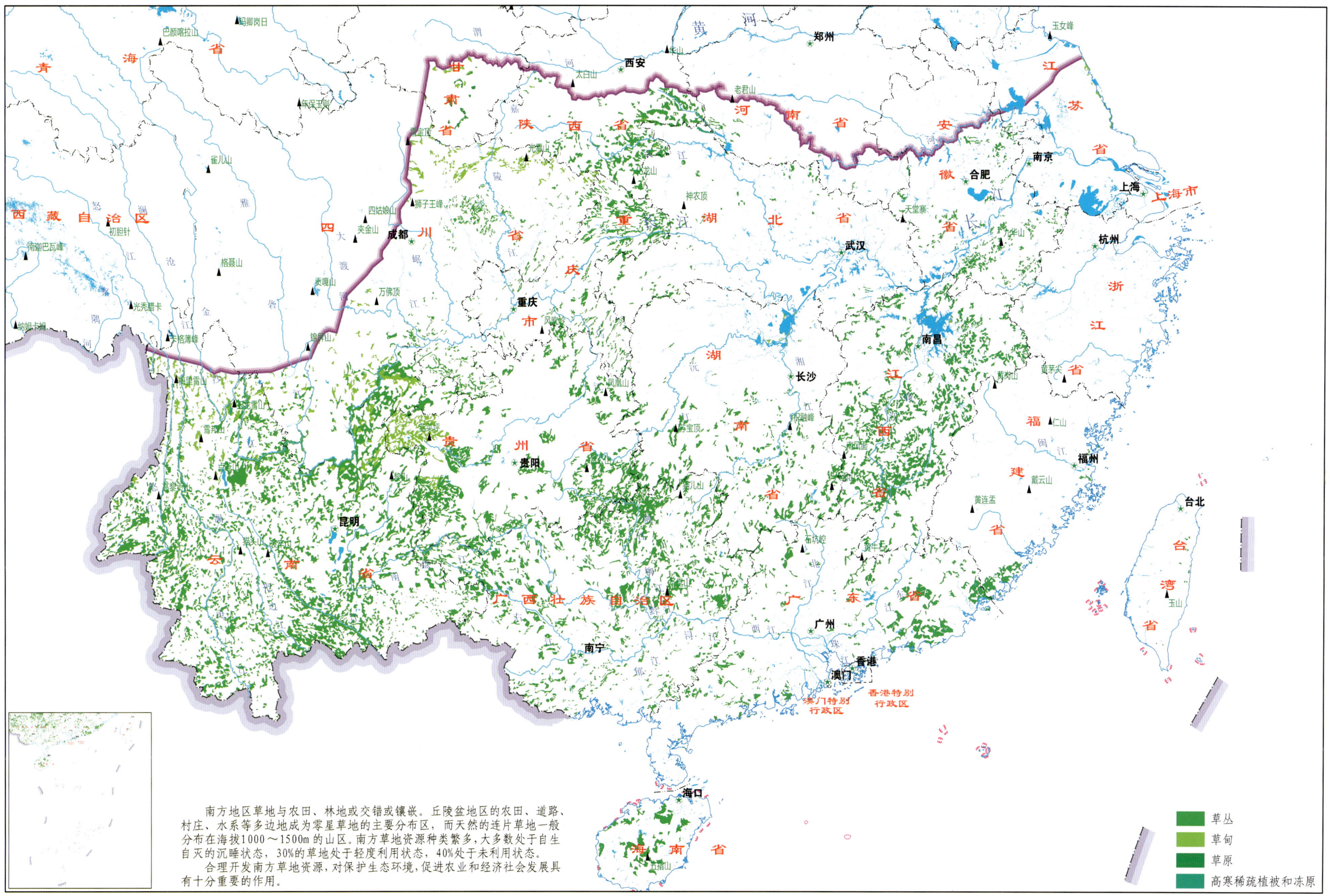

南方地区草地与农田、林地或交错或镶嵌。丘陵盆地区的农田、道路、村庄、水系等多边地成为零星草地的主要分布区，而天然的连片草地一般分布在海拔1000～1500m的山区。南方草地资源种类繁多，大多数处于自生自灭的沉睡状态，30%的草地处于轻度利用状态，40%处于未利用状态。

合理开发南方草地资源，对保护生态环境，促进农业和经济社会发展具有十分重要的作用。

图例：草丛、草甸、草原、高寒稀疏植被和冻原

南方重点生态区湿地资源分布图

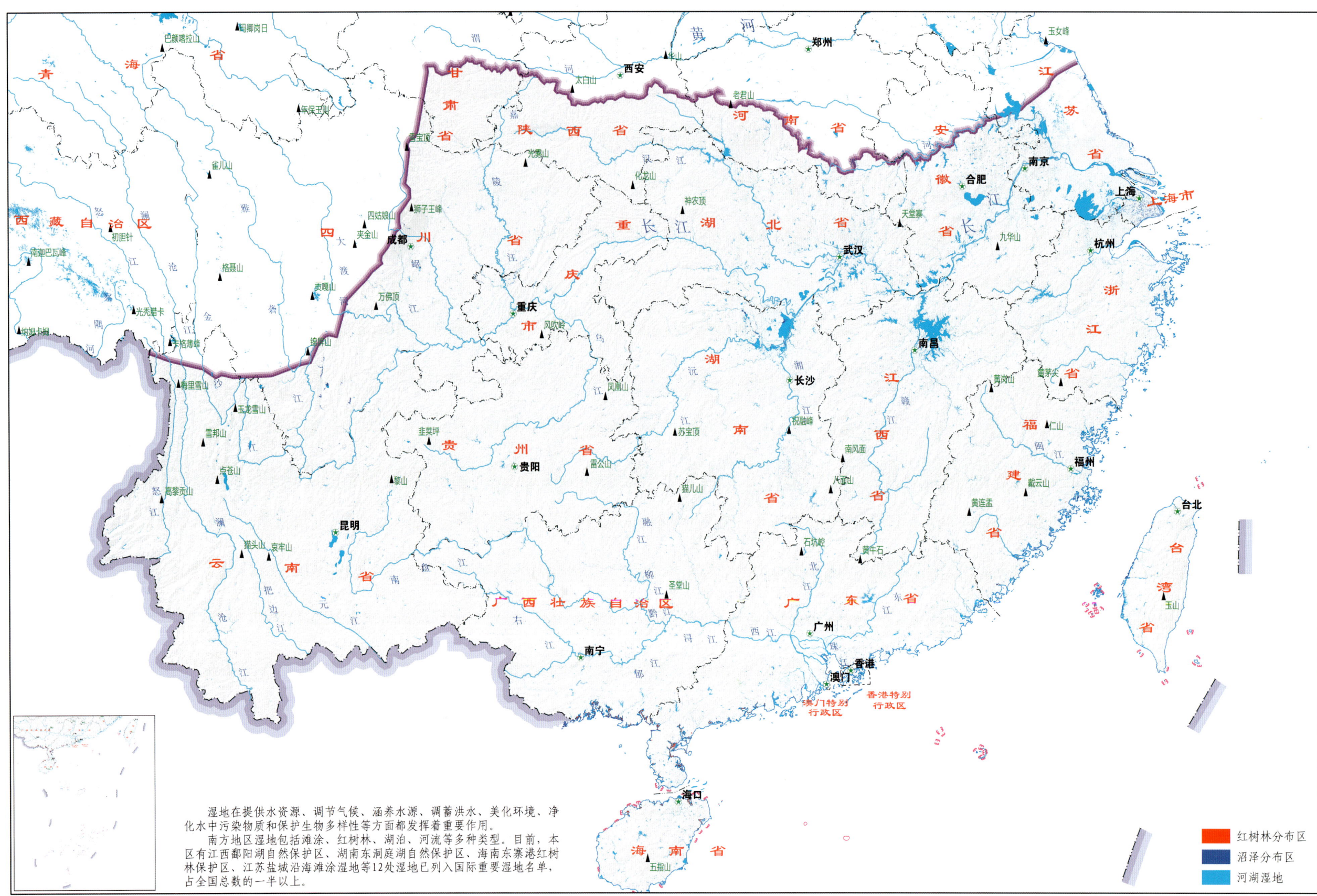

湿地在提供水资源、调节气候、涵养水源、调蓄洪水、美化环境、净化水中污染物质和保护生物多样性等方面都发挥着重要作用。

南方地区湿地包括滩涂、红树林、湖泊、河流等多种类型。目前，本区有江西鄱阳湖自然保护区、湖南东洞庭湖自然保护区、海南东寨港红树林保护区、江苏盐城沿海滩涂湿地等12处湿地已列入国际重要湿地名单，占全国总数的一半以上。

红树林分布区
沼泽分布区
河湖湿地

南方重点生态区土地资源分布图

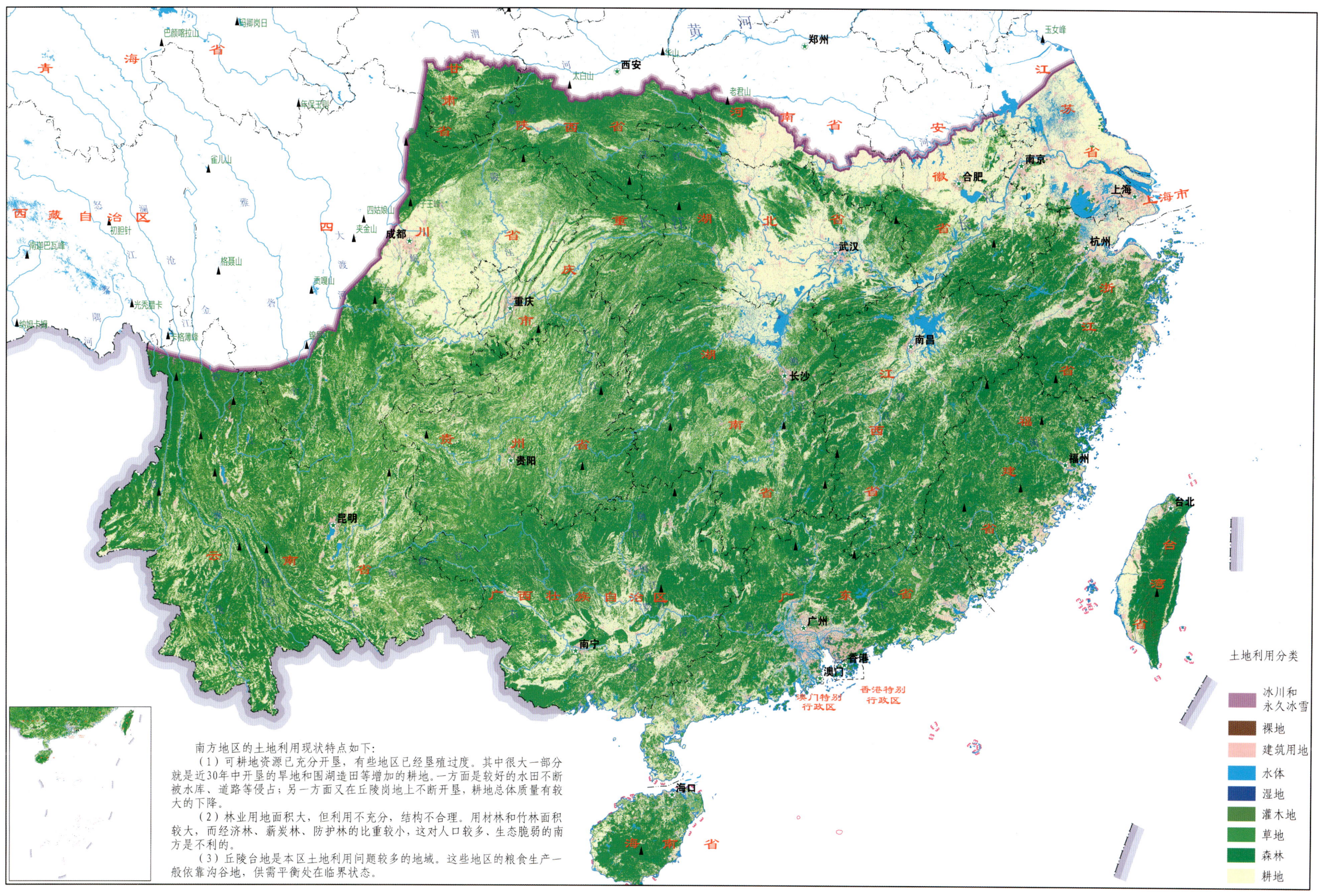

南方地区的土地利用现状特点如下：
（1）可耕地资源已充分开垦，有些地区已经垦殖过度。其中很大一部分就是近30年中开垦的旱地和围湖造田等增加的耕地。一方面是较好的水田不断被水库、道路等侵占；另一方面又在丘陵岗地上不断开垦，耕地总体质量有较大的下降。
（2）林业用地面积大，但利用不充分，结构不合理。用材林和竹林面积较大，而经济林、薪炭林、防护林的比重较小，这对人口较多、生态脆弱的南方是不利的。
（3）丘陵台地是本区土地利用问题较多的地域。这些地区的粮食生产一般依靠沟谷地，供需平衡处在临界状态。

土地利用分类：冰川和永久冰雪、裸地、建筑用地、水体、湿地、灌木地、草地、森林、耕地

南方重点生态区湖泊资源分布图

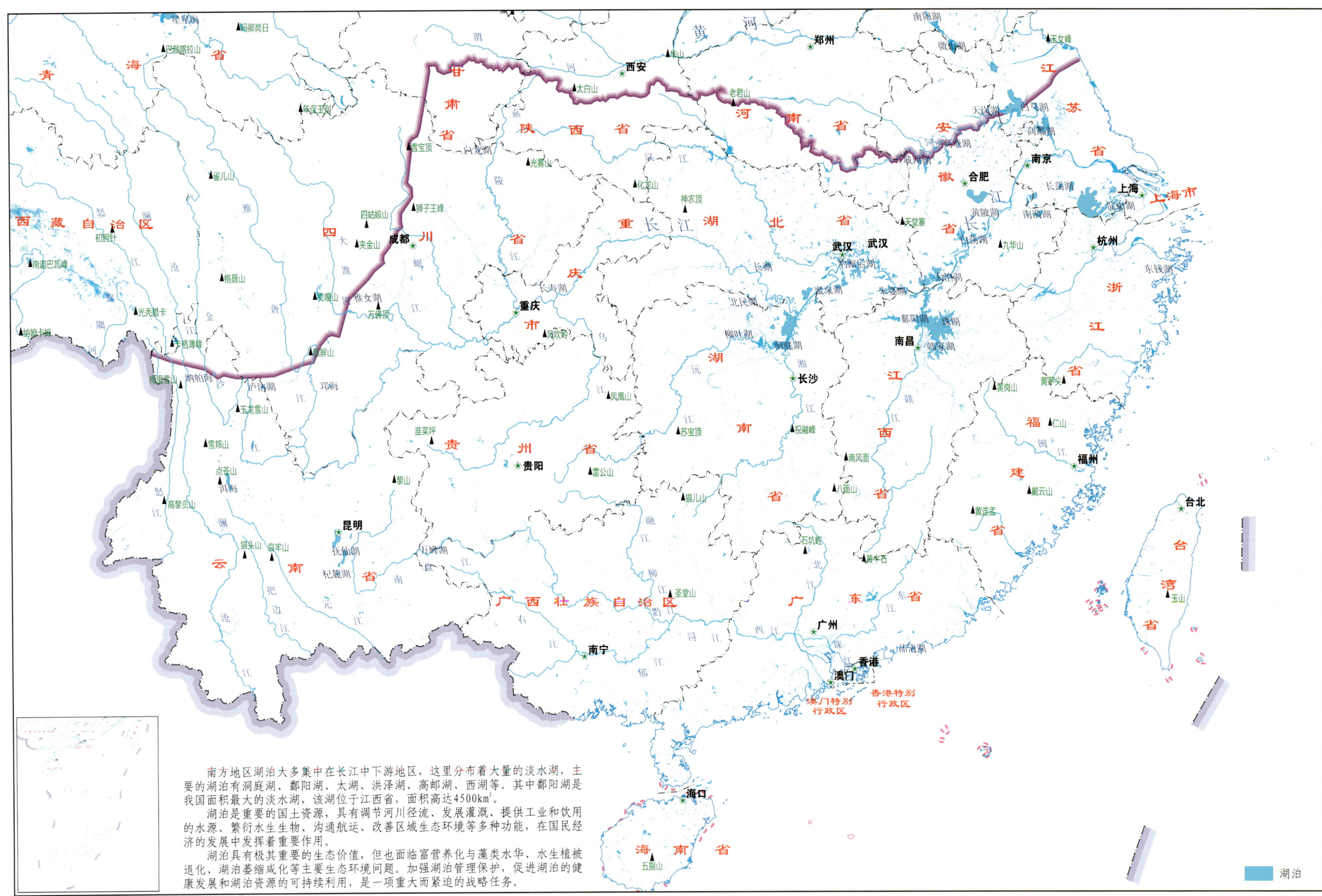

中国南方地区拥有丰富的自然资源，主要包括以下几个方面：

（1）水资源：南方地区水资源总量丰富，占全国水资源总量的80%以上。南方地区地表水资源量占全国的84%，地下水资源量也占全国的大部分。此外，南方地区的降水量也相对较高，占全国年均降水量的68%左右。这些水资源对于维持地区生态系统的平衡至关重要。它们不仅为植被和野生动物提供了生存所需的水源，还为农业、工业和居民生活提供了保障。同时，这些水体的存在也有助于调节气候、维持湿度，对地区的生态平衡起着重要的调节作用。

（2）土地资源：南方地区的红土地，也称为"红壤"，是一种重要的土地资源。这种土壤主要分布在广东、广西、贵州、福建、台湾、云南、湖南、江西、浙江等省区的大部分地区和安徽、湖北、四川等省的小部分地区。红土地是南方地区重要的耕地资源，约占南方总耕地面积的40%以上。南方地区的地形地貌多样，包括高山、丘陵、盆地等。这种多样的地形地貌不仅为地区的生态系统提供了丰富的生境类型，也为动植物的迁徙和生态系统的互动提供了条件。

（3）森林资源：南方林区（东南林区）是我国的第三大天然林区，主要包括秦岭、淮河以南，云贵高原以东的广大地区。这里气候温暖，雨量充沛，植物生长条件良好，树木种类很多，以杉木和马尾松为主，还有我国特有的竹木。经济林木更是丰富多彩，有橡胶林、肉桂林、八角林、桉树等。这些森林不仅是地球的"肺"，能够吸收二氧化碳、释放氧气，还是众多动植物的栖息地。森林生态系统的存在有助于保持土壤的稳定性，防止水土流失，维持地区的生态平衡。

（4）矿产资源：南方地区拥有丰富的有色金属矿产资源，如云南东川和江西德兴的铜矿、江西大余的钨矿、贵州同仁的汞矿、云南个旧的锡矿、水口山的铅锌矿等。此外，南海地区还富含石油、天然气等能源资源，以及锰、铁、铜、钴等35种金属及稀有金属锰结核。

（5）生物资源：南海海洋生物种类繁多，其渔业捕捞量约占全国的1/4，仅次于东海。南海地区还拥有丰富的海洋生物资源和热带植物资源。

南方地区作为中国人口密集、经济发达的地区之一，在开发自然资源的同时，人类活动对生态系统造成了一定的影响。例如，城市化进程、工业化和农业活动带来了水资源污染、土地资源过度开发等问题，对地区生态环境造成了一定的压力和威胁。因此，保护南方地区丰富的自然资源，维护生态平衡，成为当地政府和社会各界共同关注和努力的方向。

南方重点生态区重要流域地下水资源图

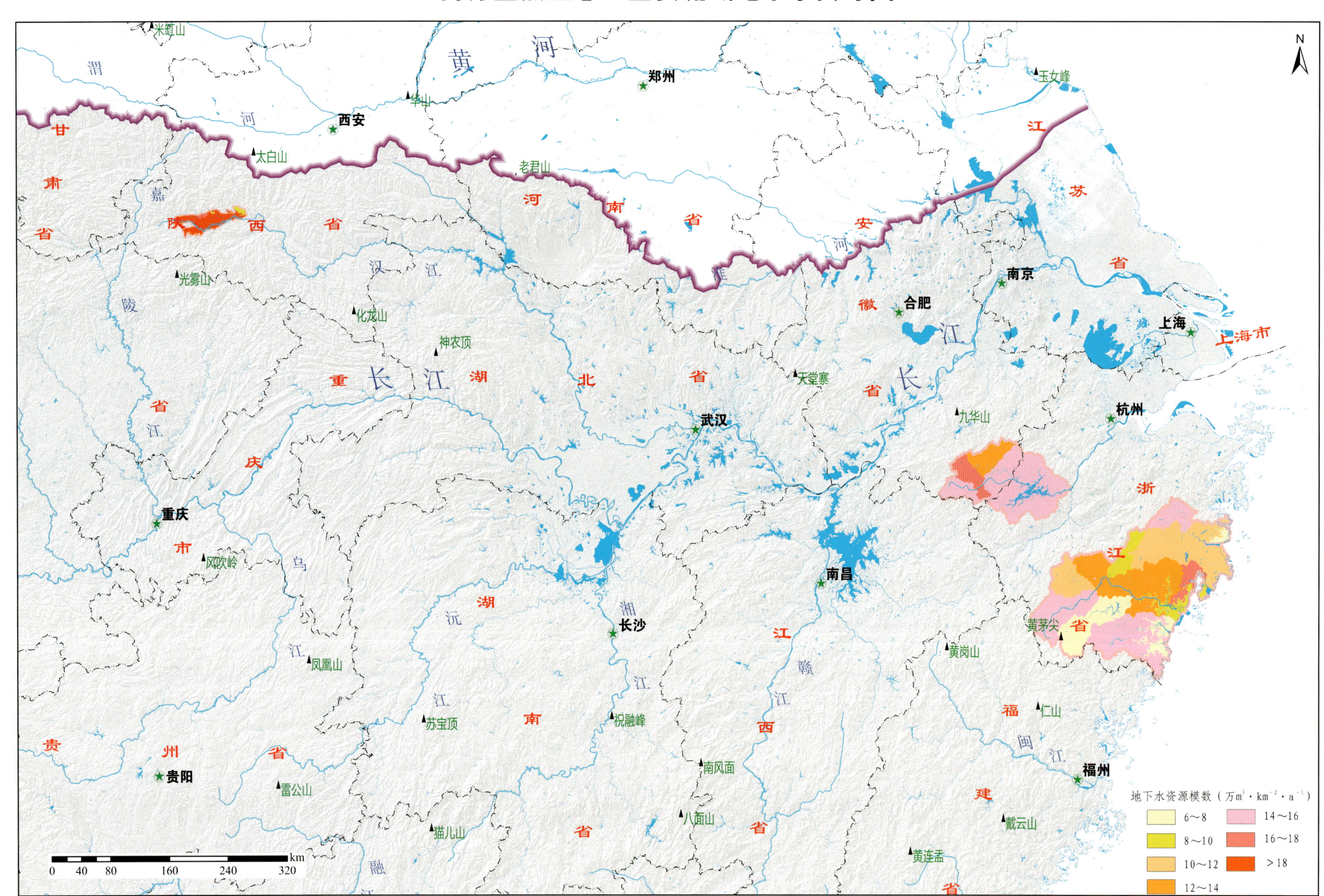

一、汉中盆地地下水资源量

研究区内平原区地下水资源量采用补给量法计算，包括降水入渗补给量、河道渗漏补给量、渠灌田间入渗补给量和井灌回归补给量。汉中盆地评价区面积 1 717.98km²，经计算地下水总补给量为 66 607.23 万 m³，其中，降水入渗补给量为 29 662.98 万 m³，地表水灌溉入渗补给量为 15 679.15 万 m³，井灌回归补给量为 118.25 万 m³，侧向补给量为 4 459.59 万 m³，河道渗漏补给量为 3 547.20 万 m³。

地下水总补给量扣除井灌回归补给量即为地下水资源量，即汉中盆地多年平均地下水资源量为 66 488.98 万 m³，其中降水入渗补给量为 29 662.98 万 m³/a，占资源量的 44.61%；田间灌溉入渗补给量为 15 679.15 万 m³/a，占资源量的 23.58%；渠系渗漏补给量为 13 140.06 万 m³/a，占补给资源量的 19.76%，灌溉占资源量的 43.34%；侧向流入量为 4 459.59 万 m³/a，占资源量的 6.71%；河道渗漏量为 3 547.20 万 m³/a，占资源量的 5.34%。

评价区地下水资源模数为 8 万～59 万 m³·km⁻²·a⁻¹ 不等。

二、新安江流域地下水资源量

本次计算的新安江流域地下水资源量采用水文分析法，水文分析法是以地下水的排泄量作为地下水的总补给量，此方法适用于山区水文地质条件复杂、研究程度又相对较低的地下水系统，完全适用于新安江流域水资源量的评价，此次水资源量计算数据利用率为水月潭站、新安江屯溪站、杨之水临溪站、练江渔梁站、寿昌江源口站 5 个水文站 2009—2021 年共 13 年的实测值，采用各水文站多年最枯月的河流平均流量，求取各站汇水区内多年平均径流模数。因最枯月河流流量为实测值，且连续观测时间 10 年以上，数据可靠，又因流域内以山区为主，地下水人工开采量极小，不足总用水量的 1%，可以忽略不计，故各水文站多年最枯月的河流平均流量能代表该站上游区域地下水排泄量。

流域内地下水资源模数相差较小，位于 12 万～17 万 m³·km⁻²·a⁻¹ 之间，大部分流域地区位于 14 万～15 万 m³·km⁻²·a⁻¹ 之间，上游区域地下水资源模数差异明显。

新安江流域面积 11 686.1km²，经计算多年平均地下水资源量为 16.906 亿 m³。

三、浙南诸河流域地下水资源量

本次评价，项目组收集了柏枝岙（三）站（永安溪流域）、沙段站（始丰溪流域）、佛头站（乐清诸河流域）、鹤城站（瓯江下游）、靖居口站（松阴溪流域）、巨浦站（小溪流域）、南大洋站（龙泉溪流域）、石牛站（瓯江中游）、石柱站（楠溪江流域）、黄渡站（好溪流域）、岚口站（飞云江流域）、埭头站（鳌江流域）、矾山站（鳌江流域）共 13 个水文站 2000—2019 年间每日平均流量数据。

收集了温州、台州、丽水三市共 34 个气象站 2000—2019 年每日降雨量数据。

项目组在工作周期内对浙南诸河流域各平原盆地区浅层地下水水位均进行了动态监测，均使用自计式水位计进行监测，其监测间隔为 30min，监测周期均在 1 个水文年以上；同步完成浅层地下水位监测点周边降雨量监测，均使用雨量监测站（远程自动上传数据）监测，其监测间隔为 24h，监测周期均在 1a 以上。

本次计算的浙南诸河流域 2000—2019 年多年平均地下水资源量为天然补给资源量，相应的地下水资源模数为天然补给资源模数。

本次的计算方法：山丘区采用排泄量法（基流分割）计算，平原区采用补给量法（降雨入渗系数法）计算。

本次计算的浙南诸河流域 2000—2019 年多年平均地下水资源量为 40.756 亿 m³/a（基岩裂隙水资源量为 37.24 亿 m³/a，松散岩类孔隙水资源量为 3.516 亿 m³/a）。其中，灵江流域地下水系统资源量为 10.202 亿 m³/a（基岩裂隙水资源量为 8.494 亿 m³/a，松散岩类孔隙水资源量为 1.708 亿 m³/a），瓯江流域地下水系统资源量为 22.602 亿 m³/a（基岩裂隙水资源量为 21.637 亿 m³/a，松散岩类孔隙水资源量为 0.965 亿 m³/a），飞云江流域地下水系统资源量为 7.952 亿 m³/a（其中基岩裂隙水资源量为 7.109 亿 m³/a，松散岩类孔隙水资源量为 0.843 亿 m³/a）。

山丘区基岩裂隙水多年平均地下水资源模数为 7.773 万～16.336 万 m³·km⁻²·a⁻¹，平原盆地区浅层松散岩类孔隙水多年平均地下水资源模数为 7.33 万～10.82 万 m³·km⁻²·a⁻¹。

浙南诸河流域地下水资源图

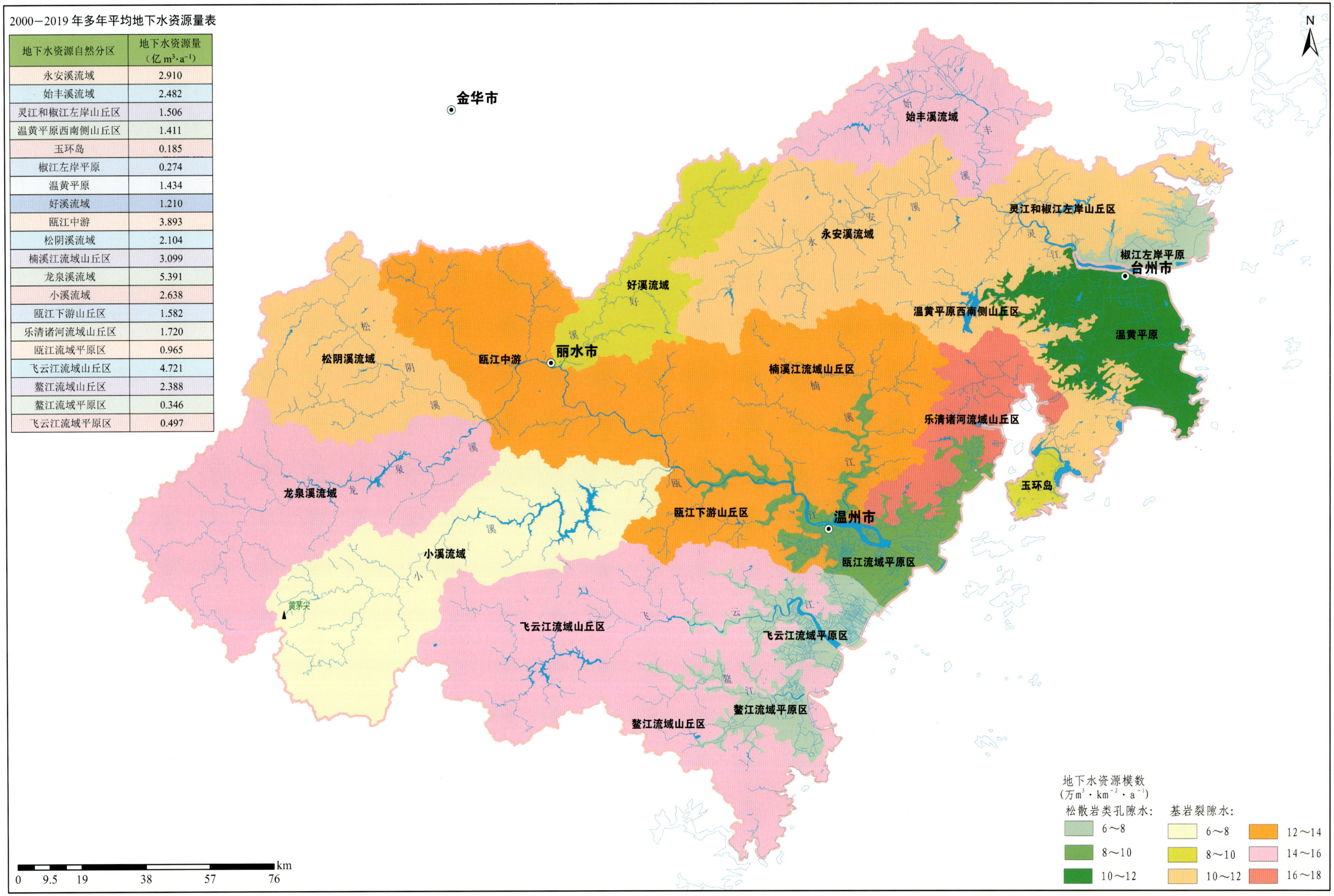

2000—2019 年多年平均地下水资源量表

地下水资源自然分区	地下水资源量（亿 m³·a⁻¹）
永安溪流域	2.910
始丰溪流域	2.482
灵江和椒江左岸山丘区	1.506
温黄平原西南侧山丘区	1.411
玉环岛	0.185
椒江左岸平原	0.274
温黄平原	1.434
好溪流域	1.210
瓯江中游	3.893
松阴溪流域	2.104
楠溪江流域山丘区	3.099
龙泉溪流域	5.391
小溪流域	2.638
瓯江下游山丘区	1.582
乐清诸河流域山丘区	1.720
瓯江流域平原区	0.965
飞云江流域山丘区	4.721
鳌江流域山丘区	2.388
鳌江流域平原区	0.346
飞云江流域平原区	0.497

地下水资源模数（万 m³·km⁻²·a⁻¹）

松散岩类孔隙水：6～8，8～10，10～12

基岩裂隙水：6～8，8～10，10～12，12～14，14～16，16～18

一、数据来源

浙南诸河流域地下水资源图数据来源于浙南诸河流域地下水资源评价项目，项目所属工程为南方重点生态区生态保护修复支撑调查工程。

二、资源量计算方法

具体方法见南方重点生态区重要流域地下水资源图说明。

三、计算公式

基流分割采用双参数数字滤波方法，是 Eckhardt 在单参数数字滤波方法的基础上提出的一种方法。具体公式：

$$b_k = \frac{1-\mathrm{BFI}_{\max}}{1-a\mathrm{BFI}_{\max}} ab_{k-1} + \frac{1-a}{1-a\mathrm{BFI}_{\max}} y_k$$

式中：b_k——k 时刻的基流（$10^4 \mathrm{m}^3$）；

y_k——k 时刻的总径流量（$10^4 \mathrm{m}^3$）；

a——滤波参数，表示基流消退系数，a 值通常取 $0.925 \sim 0.98$；

$\mathrm{BFI}_{\max}$——最大基流指数，即长期基流与总径流比值的最大值。

$\mathrm{BFI}_{\max}$ 不是一个可观测的量，Eckhardt 给出了推荐值：对于常年性排水流域为 0.8，对于季节性排水流域为 0.5，对于常年性排水但是硬质基岩的流域为 0.25。结合本区的地层和岩性情况，$\mathrm{BFI}_{\max}$ 选择 0.25。

大气降雨入渗补给量计算公式如下：

$$Q = 10^{-5} \alpha \cdot P \cdot F$$

式中：Q——降雨入渗补给量（$10^8 \mathrm{m}^3/\mathrm{a}$）；

α——降雨入渗补给系数；

P——降雨量（mm）；

F——计算面积（km^2）。

四、计算结果

浙南诸河流域地下水资源量计算结果见表1。

表1 浙南诸河流域地下水资源量计算结果统计表

四级区	五级区	评价子区	多年平均地下水资源量（亿 $\mathrm{m}^3 \cdot \mathrm{a}^{-1}$）	多年平均地下水资源模数（万 $\mathrm{m}^3 \cdot \mathrm{km}^{-2} \cdot \mathrm{a}^{-1}$）
灵江流域	灵江流域山丘区	永安溪流域	2.910	10.545
		始丰溪流域	2.482	15.187
		灵江和椒江左岸丘陵山区	1.506	10.489
		温黄平原西南侧丘陵山区	1.411	11.424
		玉环岛	0.185	9.150
	灵江流域平原区	椒江左岸平原	0.274	7.650
		温黄平原	1.434	10.820
瓯江流域	瓯江流域山丘区	好溪流域	1.210	8.898
		瓯江中游	3.893	12.785
		松阴溪流域	2.104	10.578
		楠溪江流域丘陵山区	3.099	13.261
		龙泉溪流域	5.391	15.596
		小溪流域	2.638	7.773
		瓯江下游丘陵山区	1.582	12.202
		乐清诸河丘陵山区	1.720	16.335
	瓯江流域平原区	瓯江流域平原区	0.965	8.450
飞云江流域	飞云江-鳌江流域山丘区	飞云江流域山丘区	4.721	14.454
		鳌江流域山丘区	2.388	15.383
	飞云江-鳌江流域平原区	鳌江流域平原区	0.346	7.330
		飞云江流域平原区	0.497	7.900

新安江流域地下水资源图

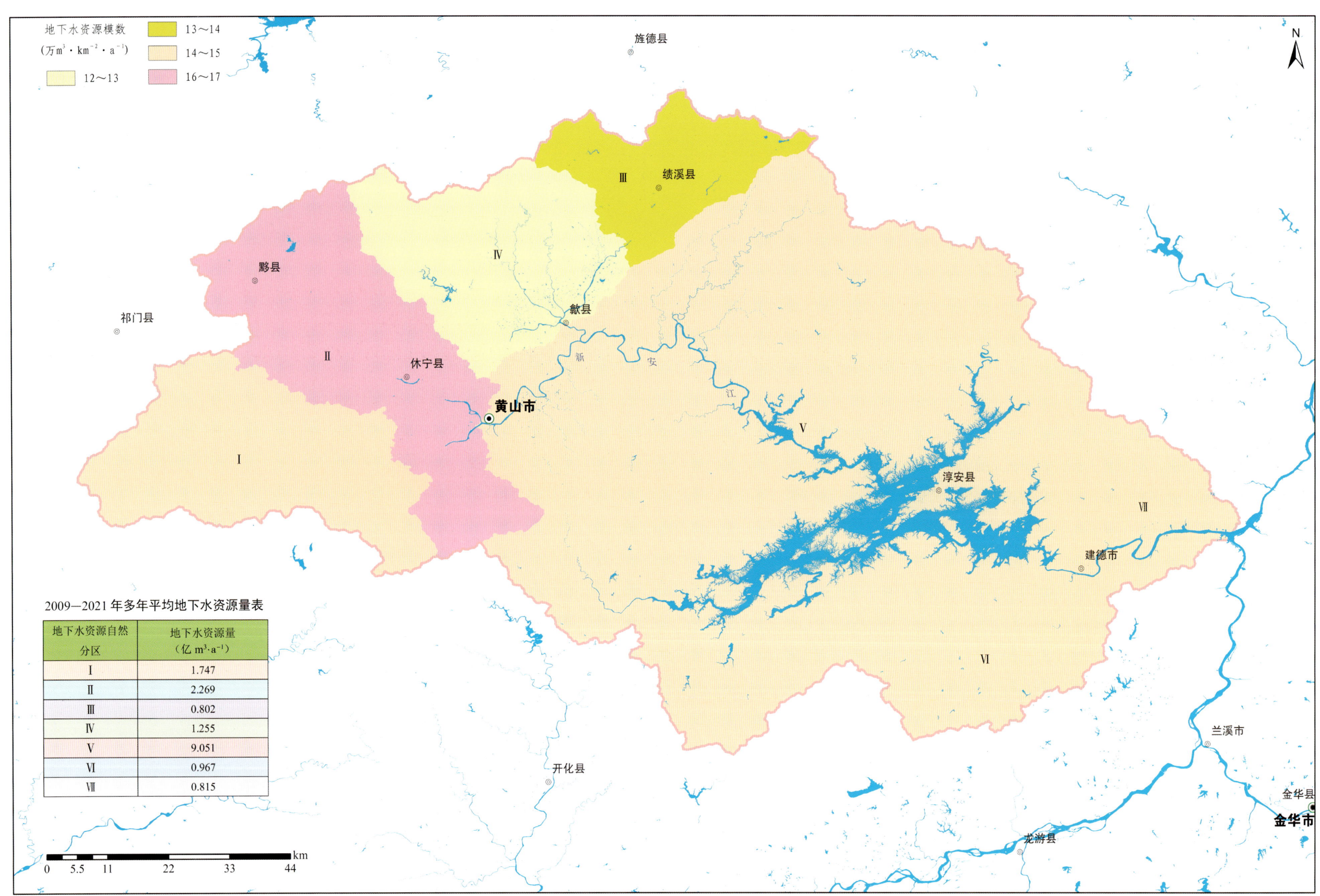

新安江流域位于中国东部，横跨浙江、安徽两省，是长江流域的重要组成部分。这个地区以新安江为主要河流，因而得名。新安江流域地势复杂，山地、丘陵、平原等地貌类型齐全，山高谷深，风景秀丽。此外，新安江流域还有丰富的水资源，许多水库和水利工程在这里兴建，为当地的灌溉、发电等提供了重要支持。在经济上，这个地区以农业和工业为主，其中茶叶、稻谷、水果等农产品产量丰富，工业则以制造业和电力工业为主。新安江流域也是一个历史悠久的文化名区，有着丰富的历史遗迹和人文景观，吸引着众多游客前来观光旅游。水资源评价可以帮助了解新安江流域的水质情况、水量变化趋势等，从而为生态环境保护提供科学依据。通过评价水资源的状况，可以及时采取措施保护水域生态系统，保障水生态环境的健康和可持续发展。对新安江流域水资源进行评价可以为水资源的科学管理和合理利用提供参考。通过了解水资源的分布、利用状况和供需平衡情况，政府部门可以制定相关政策、规划和措施，保障水资源的有效利用，促进流域经济社会的可持续发展。对新安江流域水资源进行评价可以帮助识别潜在的水灾、干旱等自然灾害风险，提前做好防范和准备工作，减少灾害损失。通过评价水资源的状况和变化，可以制定灾害应对预案，加强水利工程建设和管理，提高流域抗灾能力。水资源评价还可以为新安江流域的社会经济发展提供支持。通过科学评估水资源的利用潜力和可持续性，可以制定相关发展规划和政策，引导产业结构调整，促进农业、工业、城镇化等各个领域的协调发展，提高流域经济的竞争力和可持续发展水平。

选取水月潭站、新安江屯溪站、杨之水临溪站、练江渔梁站、寿昌江源口站5个水文站基本代表了流域各个不同水文地质区及不同的含水岩组，根据各水文站及各主要支流分布将流域分为7个区域，其中Ⅴ区径流模数采用Ⅰ至Ⅳ区径流模数平均值，Ⅶ区与Ⅵ区水文地质条件类似，故采用Ⅵ区径流模数值，流域内多年平均地下水资源量见表1。

流域内地下水资源模数相差较小，位于12万～17万 $m^3 \cdot km^{-2} \cdot a^{-1}$ 之间，大部地区位于14～15万 $m^3 \cdot km^{-2} \cdot a^{-1}$ 之间，上游区域地下水资源模数差异明显，Ⅱ区含水岩组类型较多，构造较发育，且第四系发育，故地下水资源模数最大，平均为16.522万 $m^3 \cdot km^{-2} \cdot a^{-1}$，Ⅳ区主要以变质岩类含水岩组为主，岩层富水性一般，且岩性较单一，故地下水资源模数最小，平均为12.501万 $m^3 \cdot km^{-2} \cdot a^{-1}$。Ⅴ、Ⅵ、Ⅶ区岩性整体以碎屑岩类为主，局部分布碳酸盐岩，3个区域岩层整体类似，故地下水资源模数相差不大，均位于14万～15万 $m^3 \cdot km^{-2} \cdot a^{-1}$ 之间。

表1 新安江流域多年平均地下水资源量表

地下水资源自然分区	分区面积（km^2）	地下水径流模数（$L \cdot s^{-1} \cdot km^{-2}$）	地下水资源模数（万 $m^3 \cdot km^{-2} \cdot a^{-1}$）	地下水资源量（亿 $m^3 \cdot a^{-1}$）
Ⅰ	1 167.7	4.745	14.964	1.747
Ⅱ	1 373.1	5.239	16.522	2.269
Ⅲ	588.4	4.323	13.633	0.802
Ⅳ	1 004.4	3.964	12.501	1.256
Ⅴ	6 283.5	4.568	14.406	9.051
Ⅵ	688.3	4.449	14.034	0.966
Ⅶ	580.7	4.449	14.034	0.815

南方重点生态区地质灾害易发程度分区图

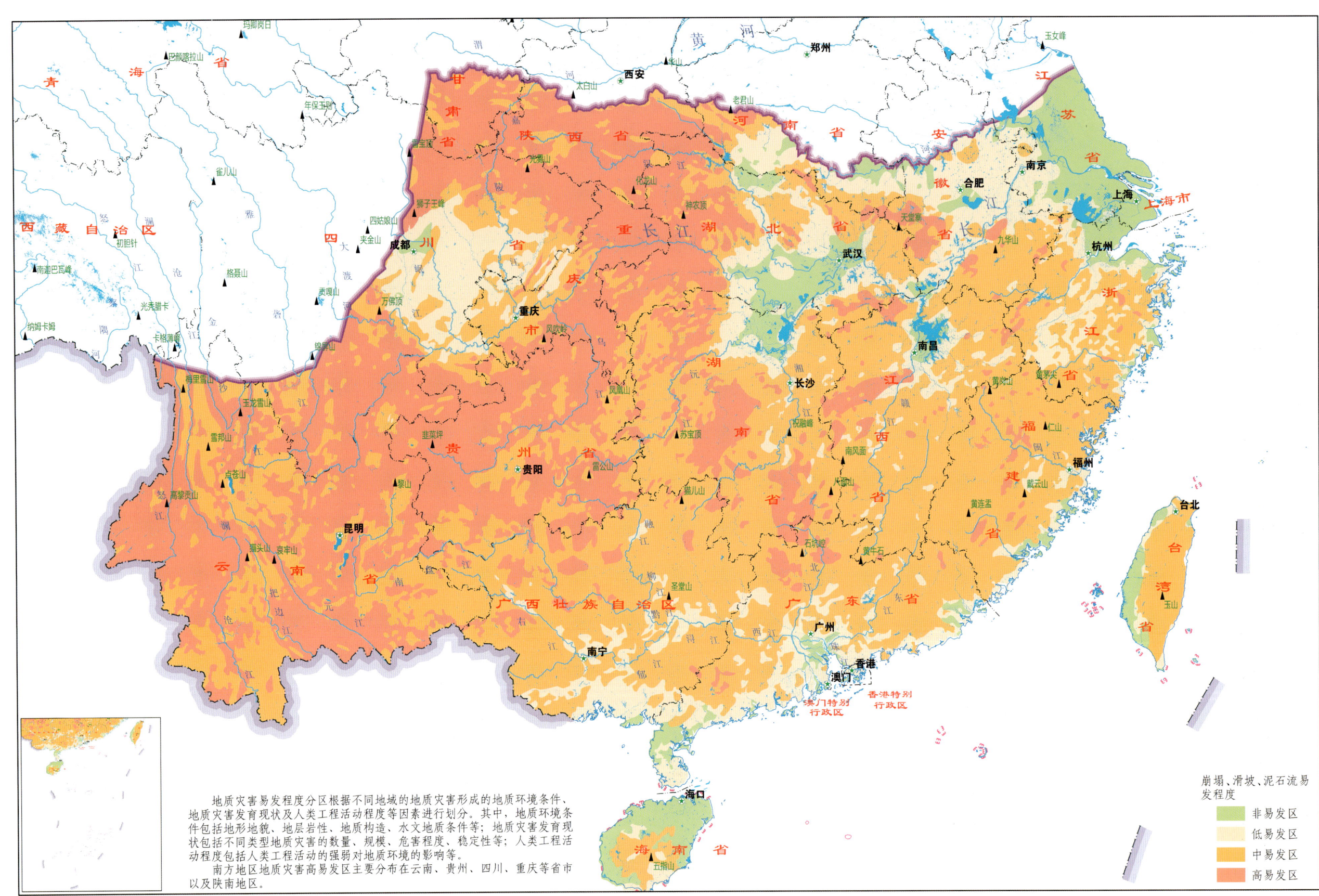

南方重点生态区重要农耕区土壤质量地球化学综合等级划分图

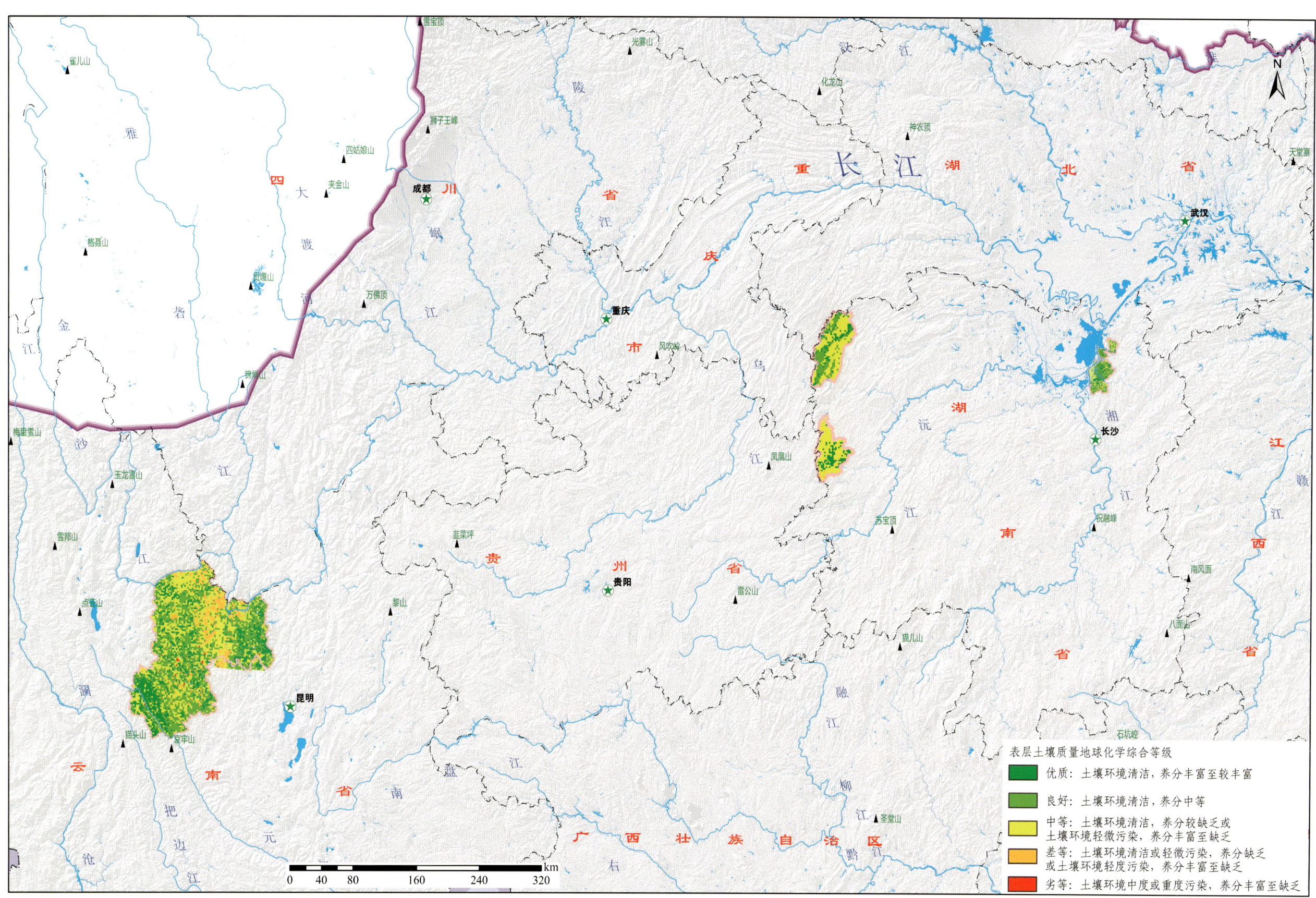

云贵高原农耕区（楚雄州七县一市）表层土壤硼元素等六种养分等级划分图

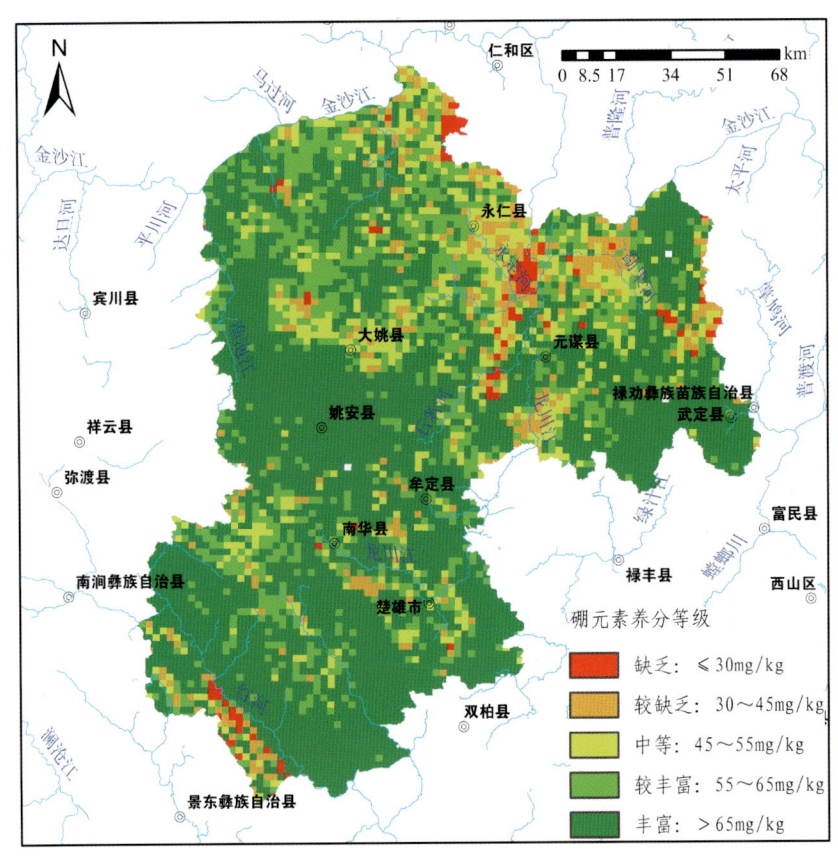
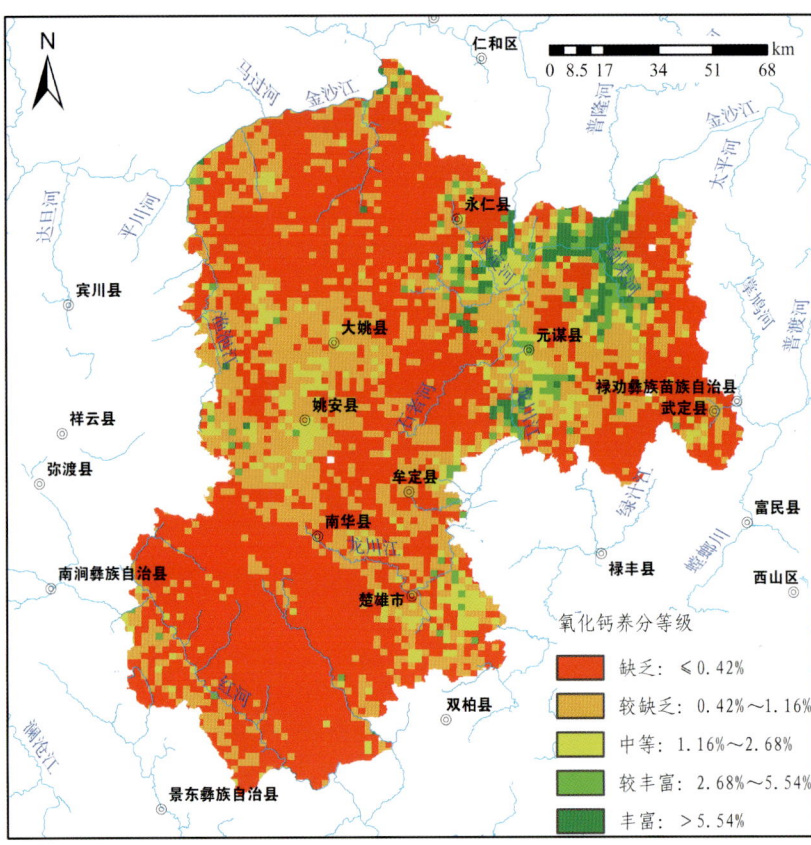
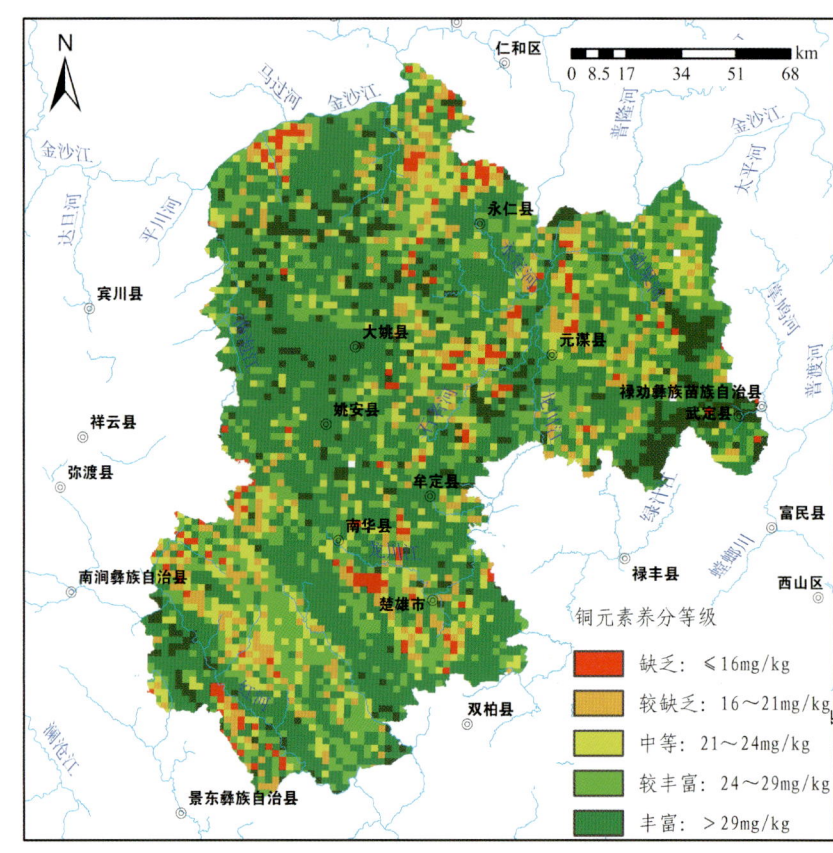
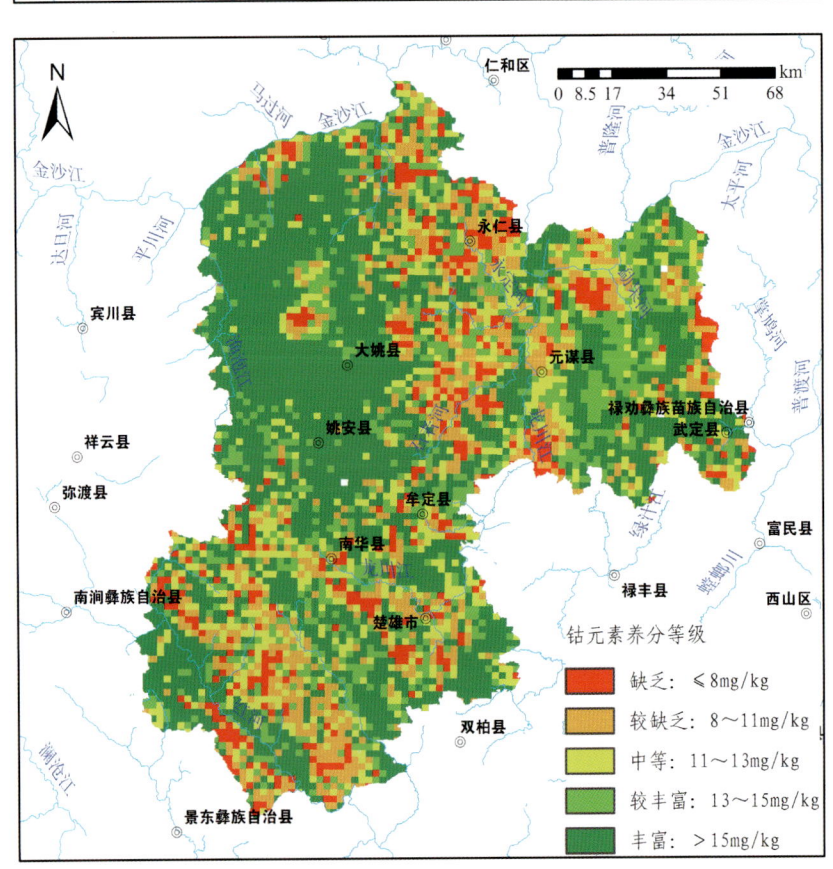
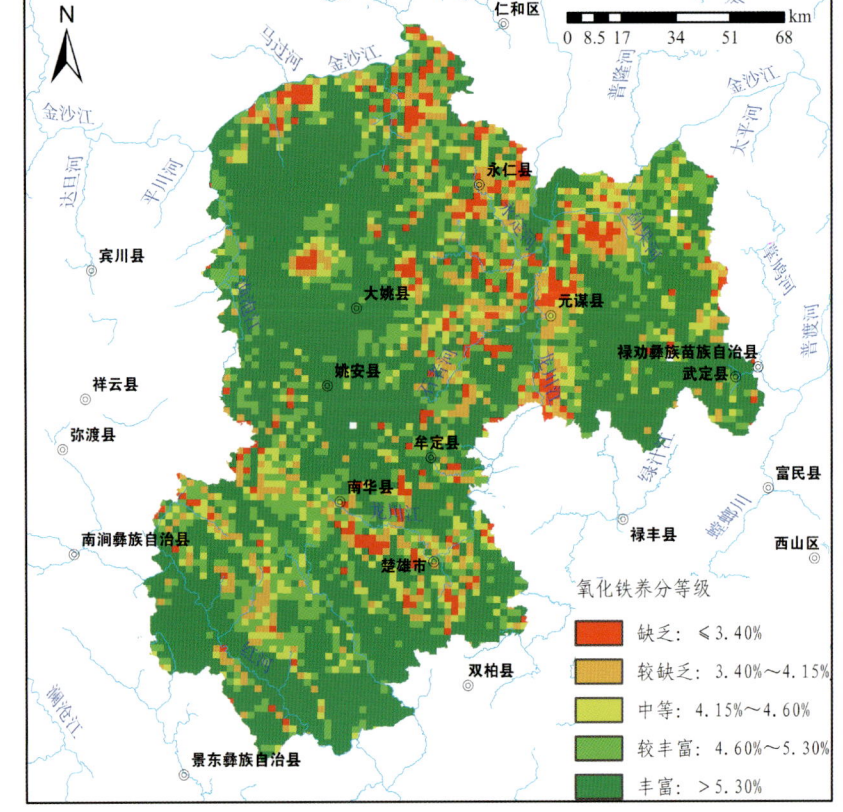
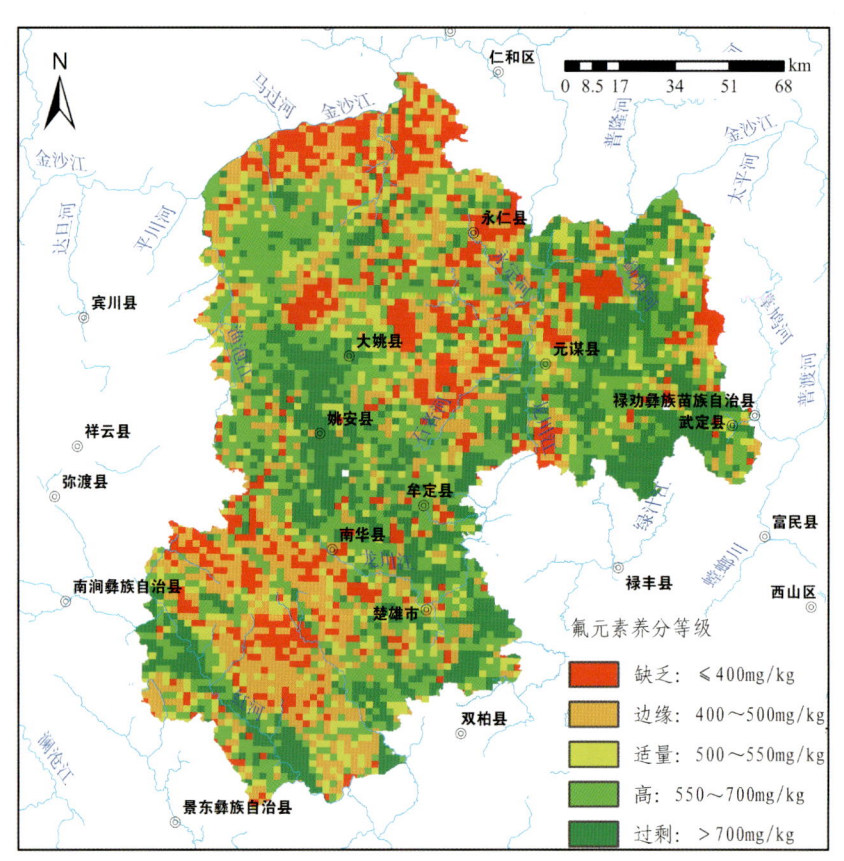

数据来源为 1∶25 万土地质量地球化学调查表层土壤实测数据，有关采样按《土地质量地球化学评价规范》（DZ/T 0295—2016）的要求展开，分析化验由四川省地质矿产勘查开发局综合岩矿测试中心（成测中心）、湖北地质实验测试中心（湖北测试中心）、昆明中心实验室 3 家单位承担，均通过数据验收。

土壤中硼、氧化钙、铜、钴、氧化铁、氟等单元素指标全量分级标准参见《土地质量地球化学评价规范》（DZ/T 0295—2016），土壤养分不同等级的颜色见表 1。

表 1　土壤养分不同等级含义、颜色与 R∶G∶B

等级	一级	二级	三级	四级	五级
含义	丰富	较丰富	中等	较缺乏	缺乏
颜色					
R∶G∶B	0∶176∶80	146∶208∶80	255∶255∶0	255∶192∶0	255∶0∶0

硼元素丰富区面积为 12 952.77km²，约占 60.07%，成片状分布，在武定县、牟定县、姚安县、楚雄市和南华县较为集中；较丰富区面积为 4 236.05km²，约占 19.65%，呈零星分布；中等富集区面积为 2 497.90km²，约占 11.58%，主要集中于永仁县、元谋县、大姚县和南华县境内；较缺乏区面积为 1 460.20km²，约占 6.77%，主要集中在楚雄市西舍路镇和元谋县江边乡、环州乡等地区；缺乏区面积为 415.08km²，约占 1.93%，主要集中在楚雄市西舍路镇和元谋县西侧外沿一带。

氧化钙在全域较为缺乏，丰富区面积为 444.73km²，约占 2.06%；较丰富区面积为 607.80km²，约占 2.82%，主要分布在元谋县外沿一带；中等区面积为 1 723.33km²，约占 7.99%，多呈零星分布，相对集中于元谋县物茂乡和楚雄市苍岭镇；较缺乏区面积为 6 148.39km²，约占 28.51%，主要集中在元谋县老城乡、武定县白路镇姚安县和大姚县等地区；缺乏区面积为 12 637.75km²，约占 58.62%，覆盖大部分地区。

铜元素丰富区面积为 10 032.37km²，约占 46.53%，较丰富区面积为 6 626.48km²，约占 30.73%，二者在区域内多呈片状展布，面积较广，推测与区域内含 Cu 矿脉的分布有关；中等区面积为 2 449.72 km²，约占 11.36%；较缺乏区面积为 1 793.74 km²，约占 8.32%；缺乏区面积为 659.68km²，约占 3.06%，三者所占比例较小，均呈零星分布。

钴元素丰富区面积为 9 494.99km²，约占 44.03%，在区域内多呈西北向呈条带状展布；较丰富区面积为 3 565.25km²，约占 16.53%，多呈零星分布，在元谋县和武定县域内较为集中；中等区面积为 3 157.58km²，约占 14.64%，相对集中于元谋县元马镇至老城乡一带和环州乡外围，呈零星分布；较缺乏区面积为 3 261.35km²，约占 15.13%，集中于楚雄市三街镇至新村镇一带；缺乏区面积为 2 082.82km²，约占 9.66%，集中分布于楚雄市西舍路镇、牟定县共和镇、元谋县羊街镇、永仁县永定镇和南华县等地区。

氧化铁丰富区面积为 12 204.14km²，约占 56.60%；较丰富区面积为 4 232.35km²，约占 19.63%，在全域大面积展布，永仁县和元谋县相对较少；中等区面积为 1 827.10km²，约占 8.47%，多呈零星分布；较缺乏区面积为 1 982.76km²，约占 9.20%，相对集中于元谋县元马镇和永仁县永定镇等地区；缺乏区面积为 1 315.66km²，约占 6.10%，集中分布于元谋县黄瓜园镇、环州乡、羊街镇、楚雄市紫溪镇、南华县龙街镇和大姚县新街镇等地区。

氟元素养分等级分为过剩、高、适量、边缘和缺乏 5 个等级。过剩区面积为 4 703.02km²，约占 21.82%；高值区面积为 6 389.29km²，约占 29.63%；适量区面积为 2 568.32km²，约占 11.91%；边缘区面积约 4 599.25km²，约占 21.33%；缺乏区面积为 3 302.12km²，约占 15.31%，多呈零星分布，无明显集中现象（图 1）。

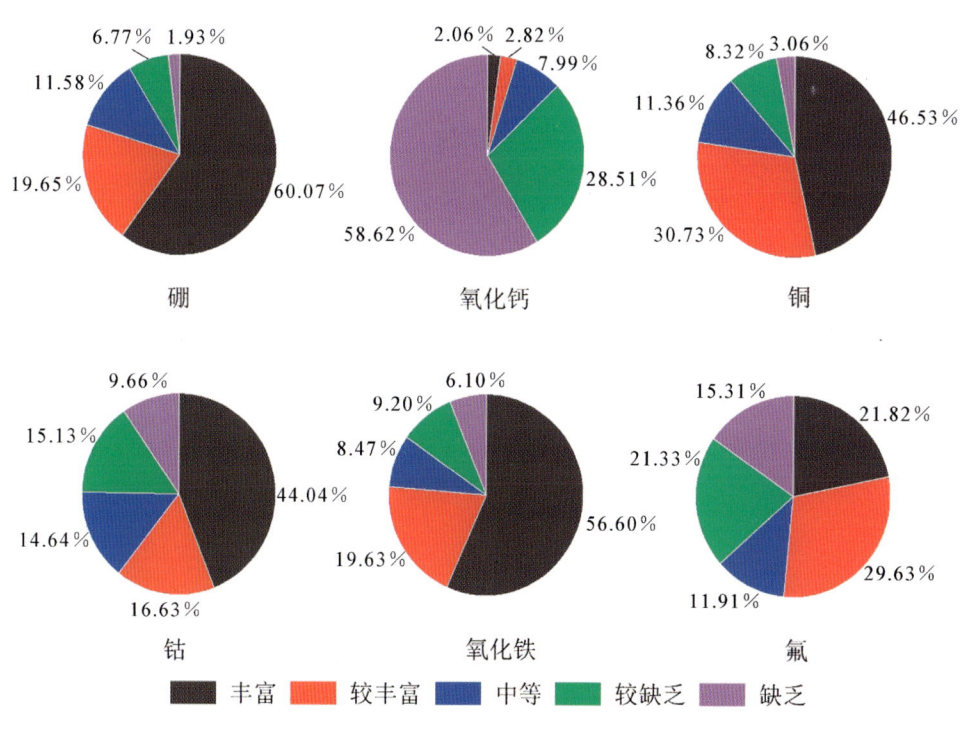

图 1　土壤养分单指标等级分布

云贵高原农耕区（楚雄州七县一市）表层土壤锗元素等六种养分等级划分图

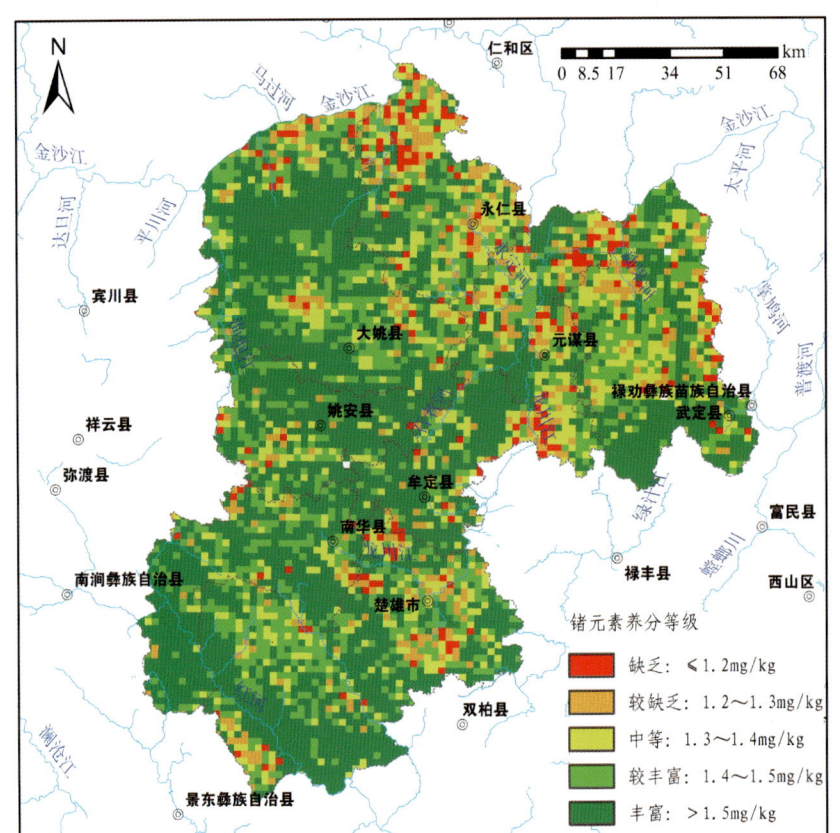
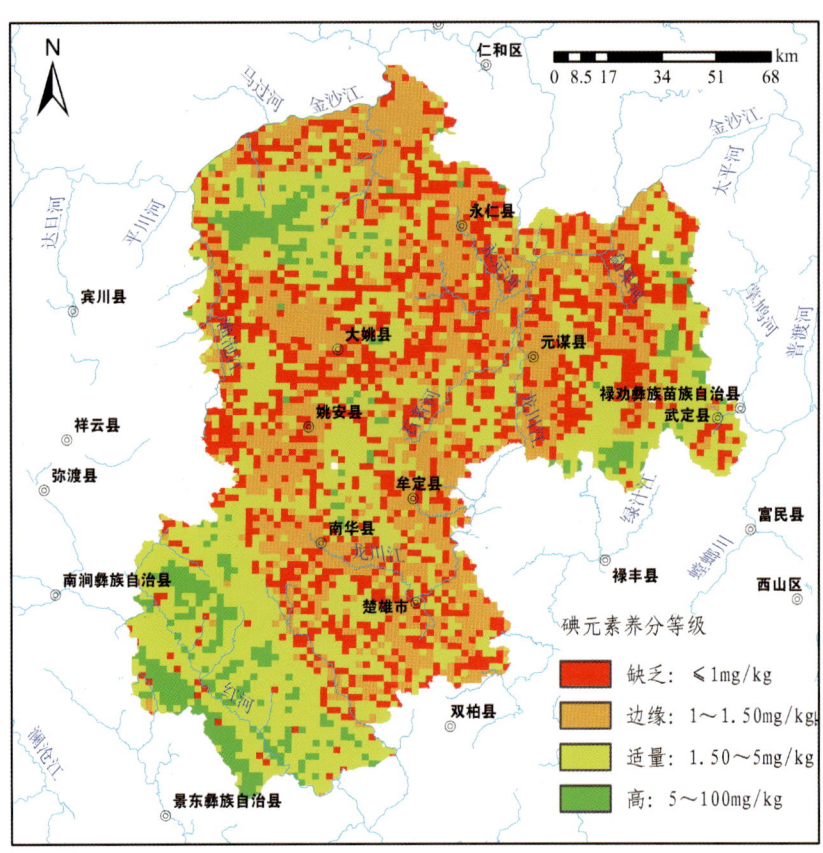
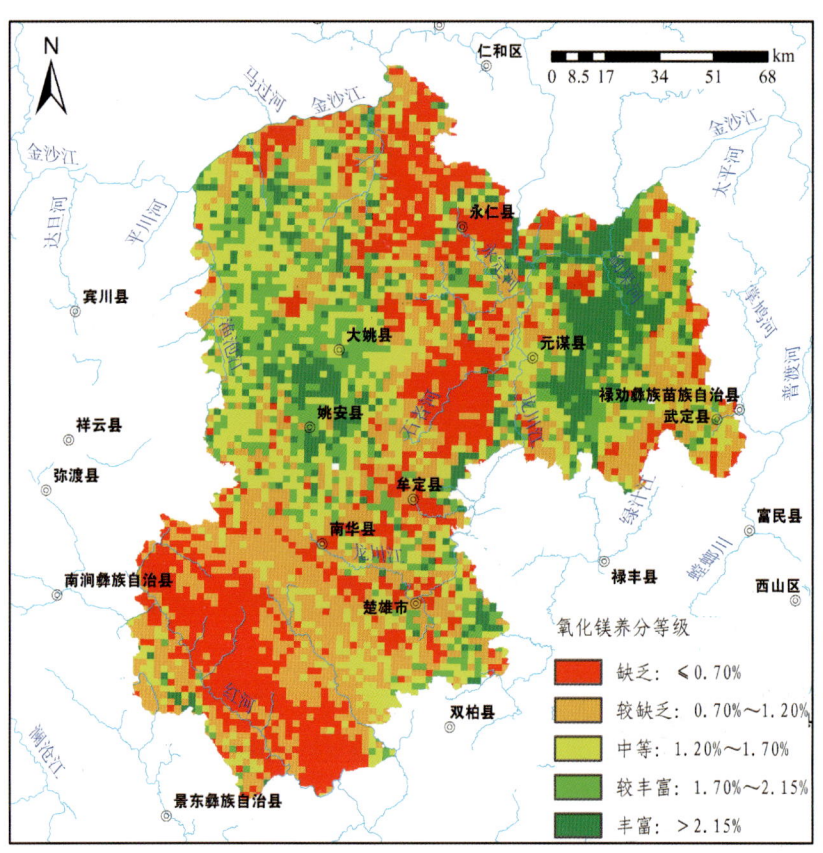
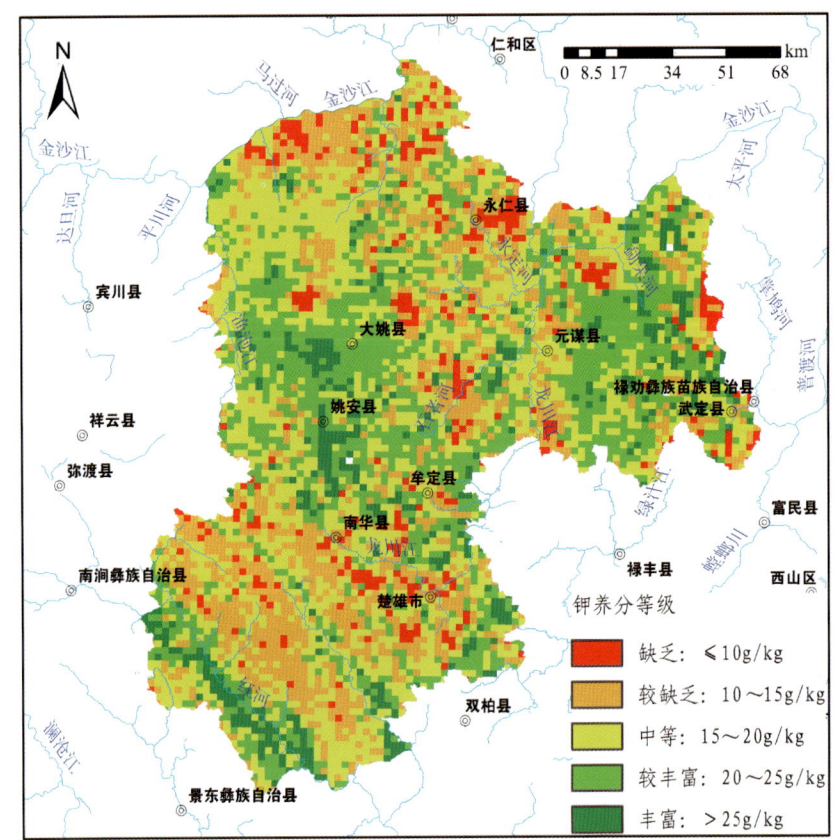
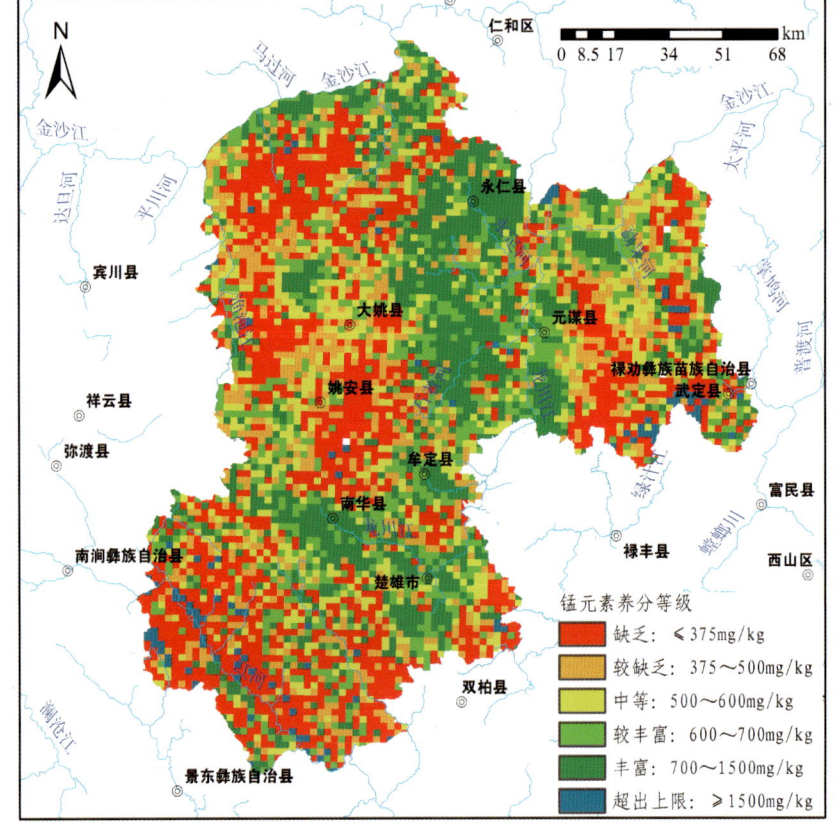
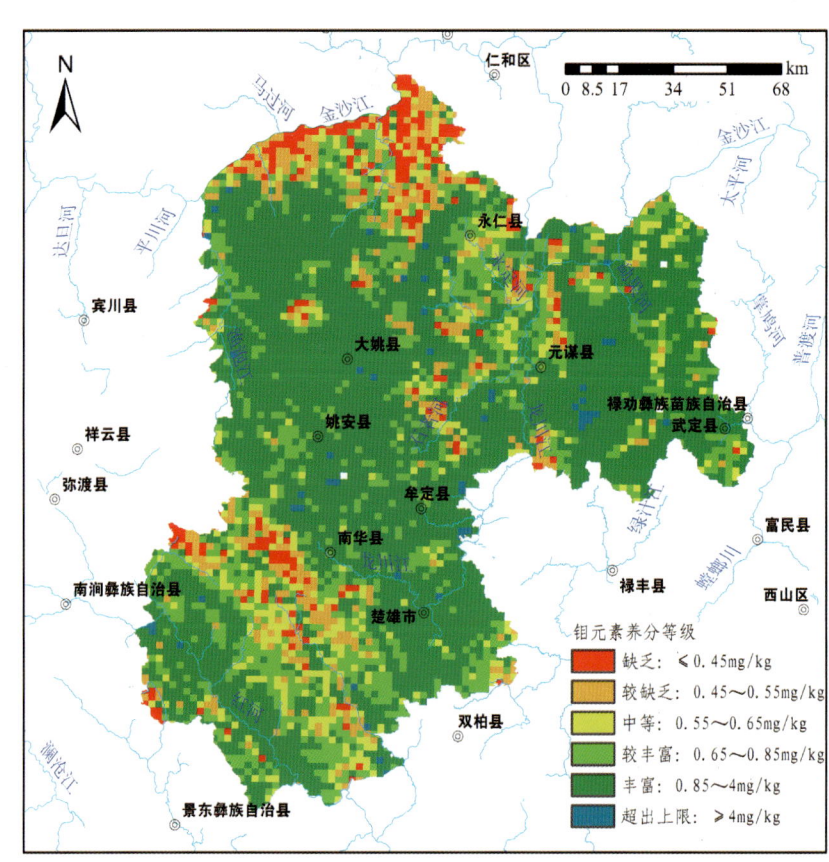

数据来源为1:25万土地质量地球化学调查表层土壤实测数据,有关采样按《土地质量地球化学评价规范》(DZ/T 0295—2016)的要求展开,分析化验由四川省地质矿产勘查开发局综合岩矿测试中心(成测中心)、湖北地质实验测试中心(湖北测试中心)、昆明中心实验室3家单位承担,均通过数据验收。

土壤中锗、碘、氧化镁、钾、锰、钼等单元素指标全量分级标准参见《土地质量地球化学评价规范》(DZ/T 0295—2016),土壤养分不同等级的颜色见表1。

表1 土壤养分不同等级含义、颜色与R:G:B

等级	一级	二级	三级	四级	五级
含义	丰富	较丰富	中等	较缺乏	缺乏
颜色					
R:G:B	0:176:80	146:208:80	255:255:0	255:192:0	255:0:0

锗元素丰富区面积为10 729.11km²,约占49.75%,主要集中在楚雄市西舍路镇西北、八角镇和新村镇一带,其他富集区为牟定县戌街乡、武定县猫街镇,大姚县三台乡、桂花镇等地区;较丰富区面积为4 806.79km²,约占22.29%,呈零星状展布,无明显集中现象;中等区面积为3 339.18km²,约占15.49%,主要集中在永仁县、元谋县、武定县和姚安县太平镇等地区;较缺乏区面积为1 719.62km²,约占7.98%,呈零星分布;缺乏区面积为967.29km²,约占4.49%,相对集中于工作区东北部的永仁县、元谋县和武定县境内。

碘元素养分评价划分为高、适量、边缘和缺乏4个等级,其中高值区面积为1620km²,约占7.51%,相对集中于楚雄市西南部、武定县西、大姚县三台乡和桂花乡等地区;适量区面积为8854km²,约占41.06%,较集中于楚雄市、武定县和大姚县境内;边缘区面积为5181km²,约占24.03%;缺乏区面积为5907km²,约占27.40%,二者相对集中于永仁县、元谋县、牟定县、南华县和姚安县的大部分地区。

氧化镁丰富区面积为2 049.46km²,约占9.50%;较丰富区面积为2 824.04 km²,约占13.10%,两者集中分布于元谋县东部、武定县西部和姚安县中部地区;中等区面积为5 058.81 km²,约占23.46%,多呈零星状展布,集中分布于元谋县元马镇、楚雄市子午镇等地区;较缺乏区面积为6 448.59km²,约占29.91%,集中分布于楚雄市、武定县域中部和南华县中部地区;缺乏区分布面积为5 181.11km²,约占24.03%,集中分布于楚雄市西南部、牟定县东北部和永仁县境内。

钾元素丰富区面积为1 727.04km²,约占8.01%,集中分布于楚雄市西舍路镇、牟定县戌街乡、武定县万德镇、元谋县凉山乡、大姚县金碧镇和姚安县栋川镇等地区;较丰富区面积为5 751.84km²,约占26.68%,集中分布于楚雄市子午镇、元谋县老城乡、凉山乡、武定县白路镇、永仁县宜就镇、大姚县和姚安县中部;中等区面积为7 464.05km²,约占34.62%,主要集中在元谋县物茂乡、楚雄市子午镇、新村镇、大姚县三台乡,区域内多呈零星分布;较缺乏区面积为5 014.33km²,约占23.26%,主要集中在楚雄市中山镇、大过口乡和大地基乡、南华县龙川镇等地区;缺乏区面积为1 604.73km²,约占7.44%,集中分布于永仁县永定镇、元谋县环州乡和楚雄市东瓜镇、南华县龙川镇、大姚县新街镇、赵家店镇和湾碧镇等地区。

锰元素丰富区面积为6 426.35km²,约占29.08%;较丰富区面积为3 172.41km²,约占14.71%,二者相对集中于楚雄市西南部、元谋县东部和武定县大部分地区;中等区面积为3 139.05km²,约占14.56%,相对集中于武定县白路镇北部;较缺乏区面积为3 583.78km²,约占16.62%,主要集中于楚雄市东北部、牟定县、元谋县西部和武定县北部;缺乏区面积为4 751.20km²,约占22.04%,主要集中于永仁县中部至楚雄市东北部地区;超上限区面积为489.20 km²,约占2.27%,集中于武定县猫街镇和狮山镇。

钼元素养分等级分带较为明显,丰富区面积为12 356km²,约占57.30%;较丰富区面积为4377km²,约占20.30%,二者集中分布于工作区的中部和东北部;中等区面积为1968 km²,约占9.13%,主要集中于楚雄市三街镇至大地基乡和永仁县西北部;较缺乏区面积为1631km²,约占7.56%,呈零星分布,无明显集中现象;缺乏区面积为1004km²,约占4.66%,主要集中于永仁县西北部、南华县龙川镇等地区;超上限区面积为1226km²,约1.05%,集中于元谋县羊街镇的东北部(图1)。

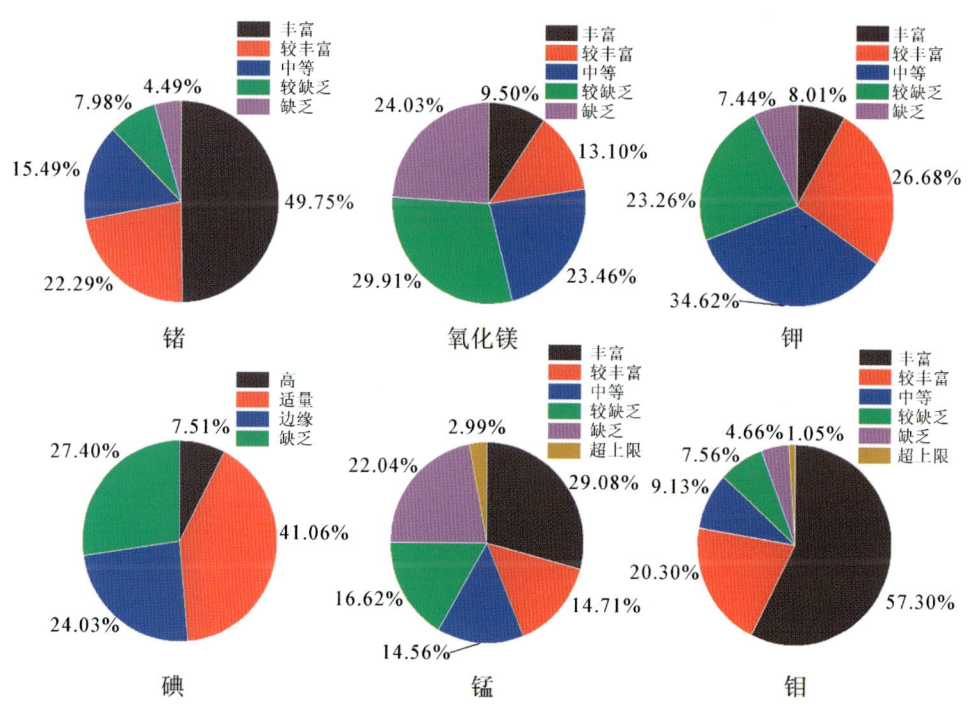

图1 土壤养分单指标等级分布

云贵高原农耕区（楚雄州七县一市）表层土壤全氮等六种养分等级划分图

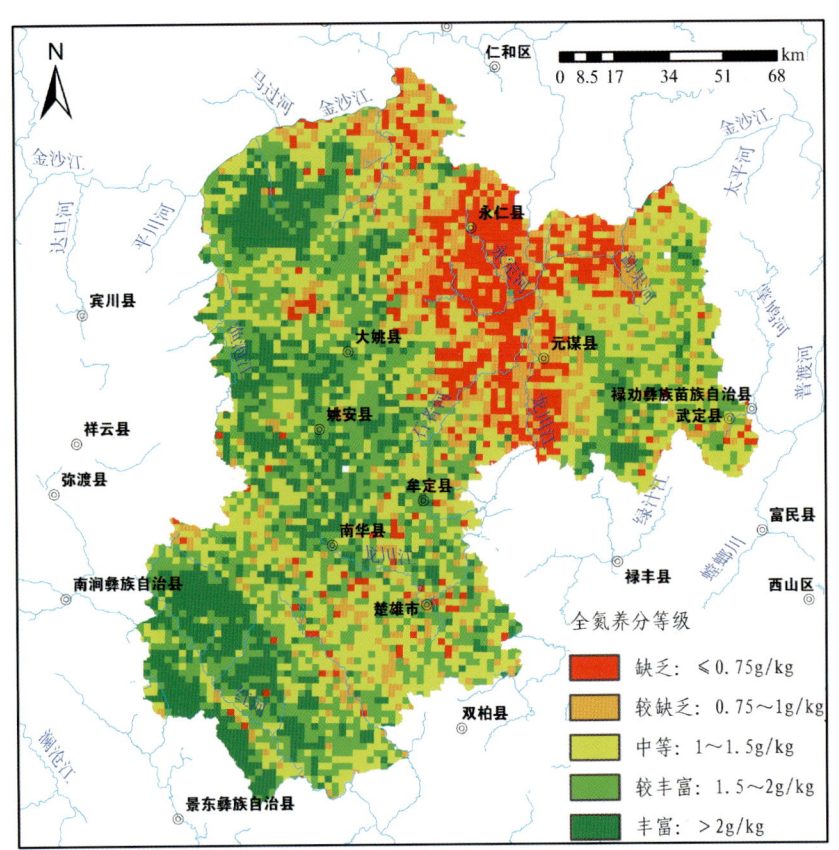
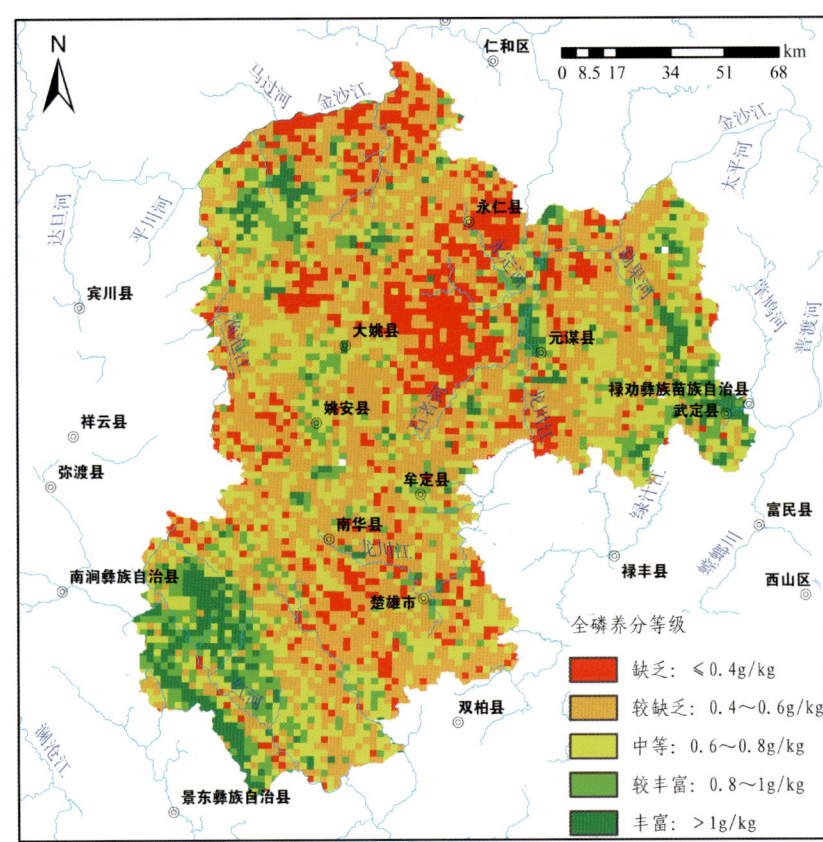
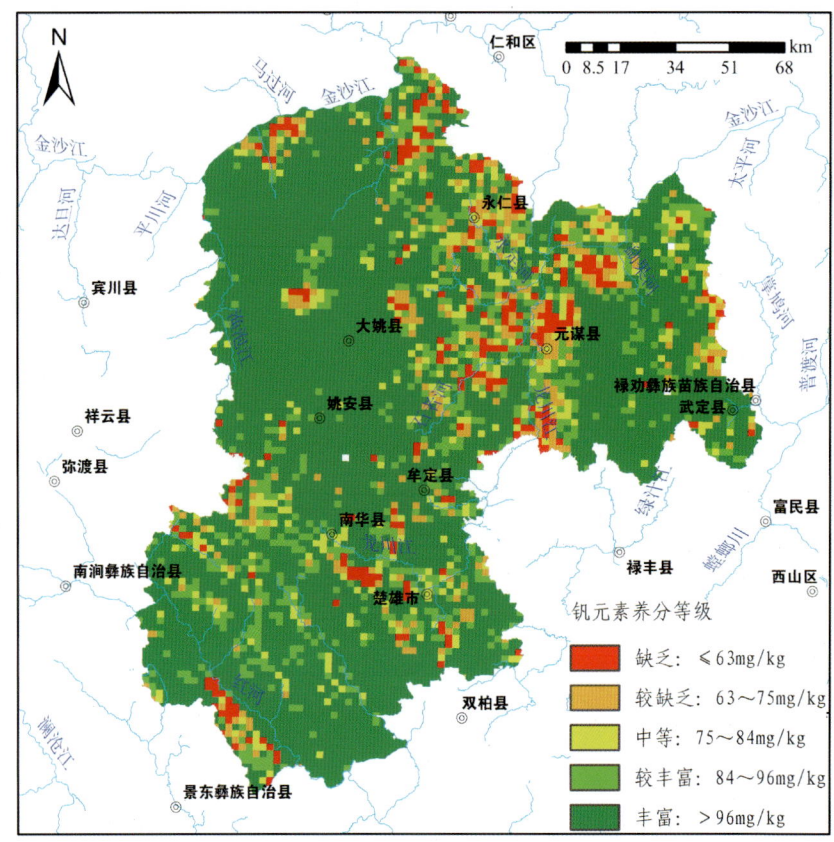
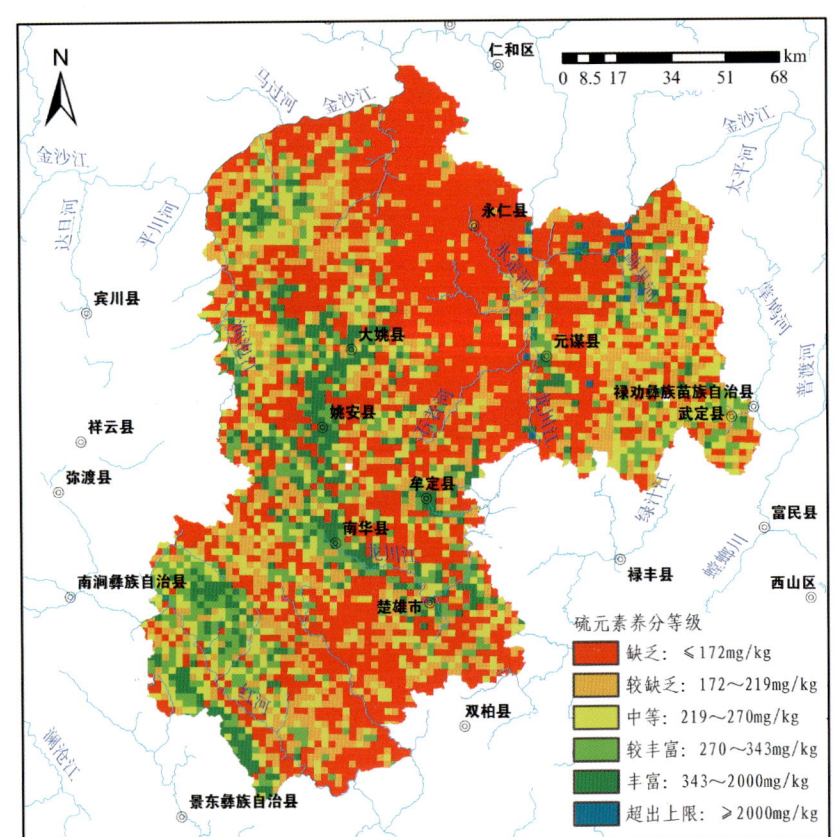
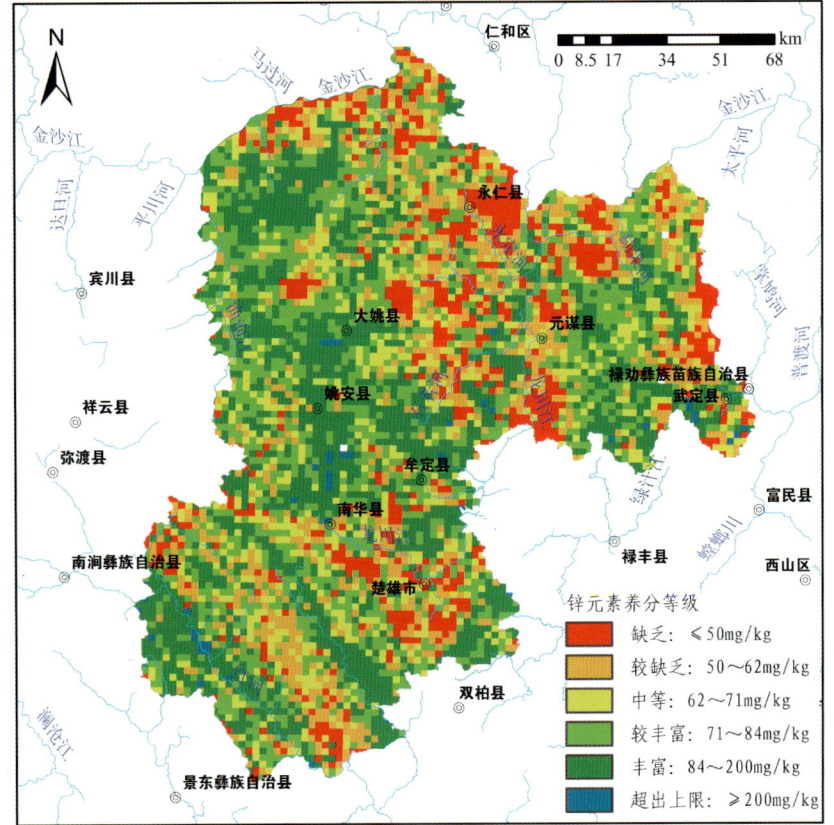
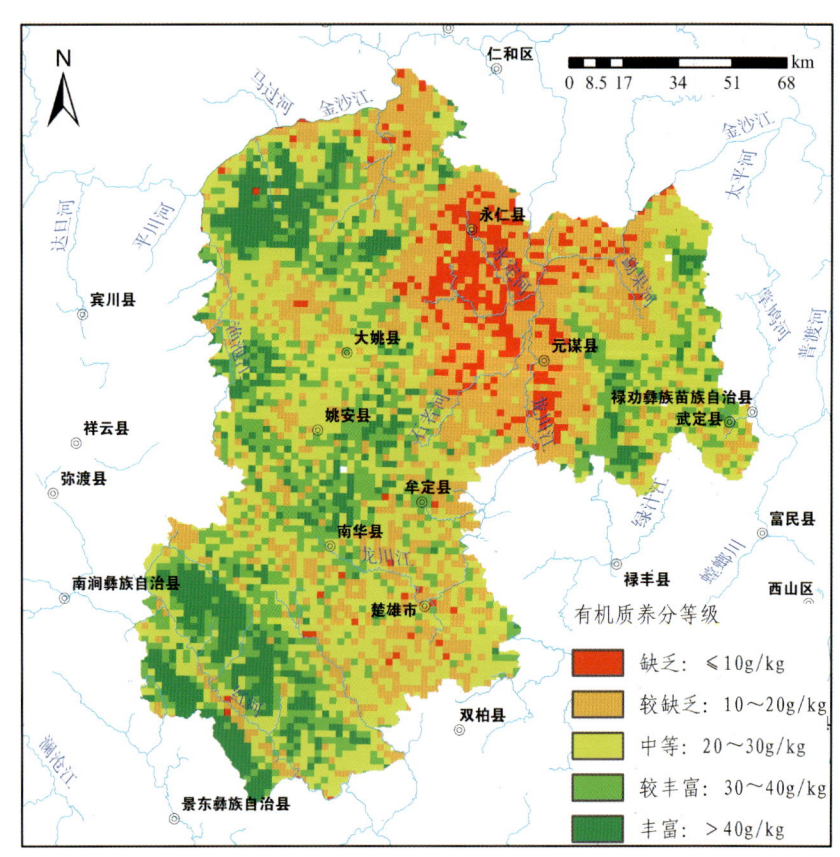

数据来源为1∶25万土地质量地球化学调查表层土壤实测数据，有关采样按《土地质量地球化学评价规范》（DZ/T 0295—2016）的要求展开，分析化验由四川省地质矿产勘查开发局综合岩矿测试中心（成测中心）、湖北地质实验测试中心（湖北测试中心）、昆明中心实验室3家单位承担，均通过数据验收。

土壤中氮、磷、钒、硫、锌、有机质等单元素指标全量分级标准参见《土地质量地球化学评价规范》（DZ/T 0295—2016），土壤养分不同等级的颜色见表1。

表1 土壤养分不同等级含义、颜色与R∶G∶B

等级	一级	二级	三级	四级	五级	
含义	丰富	较丰富	中等	较缺乏	缺乏	超出上限
颜色						
R∶G∶B	0∶176∶80	146∶208∶80	255∶255∶0	255∶192∶0	255∶0∶0	204∶153∶0

全氮丰富区面积为3 709.79km²，约占17.21%，集中分布于楚雄市西舍路镇、姚安县栋川镇和大姚县三台乡等地区；较丰富区面积为5 681.42km²，约占26.35%；中等区面积为6 856.26km²，约占31.80%；较缺乏区面积为2 931.51km²，约占13.60%；缺乏区面积为2 383.01km²，约占11.04%，可能与干热河谷的特殊气候类型有关。

全磷丰富区面积为1 534.32km²，约占7.12%；较丰富区面积为2 171.77km²，约占10.07%；中等区面积为5 603.6km²，约占25.99%；较缺乏区面积为8 835.31km²，约占40.98%；缺乏区面积为3 417.01km²，约占15.84%，在区域内多为零星分布，无明显成片规律。

钒元素丰富区面积为14 639.03km²，约占67.89%；较丰富区面积为2 935.22km²，约占13.62%，二者主要分布在元谋县、武定县和楚雄市苍岭镇周边地区，在其他地区零星稀薄分布；中等区面积为1 556.56km²，约占7.22%，多呈零星状分布，无明显集中现象；较缺乏区面积为1 248.95km²，约占5.79%，主要集中在楚雄市三街镇至新村镇一带，缺乏区面积为1 182.24km²，约占5.48%，在区域内分布较为均匀，元谋县和武定县相对较少。

硫元素养分在全域整体以缺乏为主，丰富区面积为1 556.56km²，约占7.22%，较丰富区面积为2 119.88km²，约占9.83%，二者相对集中于楚雄市西舍路镇、树苴乡和鹿城镇等地区；中等区面积为3 231.71km²，约占14.99%；较缺乏区面积为4 751.20km²，约占22.04%，二者多呈零星分布，在武定县域内较为集中；缺乏区面积为9 839.65km²，约占45.63%，基本覆盖永仁县全域，在其他县也有大面积分布；超上限区面积为63.48km²，约占0.29%，零星分布于元谋县和武定县以北的地区。

锌元素丰富区面积为6 233.63km²，约占28.91%，在区域内多呈零星稀薄分布；较丰富区面积为5 399.77km²，约占25.04%，在永仁县、元谋县和武定县境内分布覆盖多个区域；中等区面积为3 302.12km²，约占15.32%，多呈零星分布，较为均匀；较缺乏区面积为3 383.66km²，约占15.69%，相对集中于楚雄市三街镇至新村镇一带，在其他地区零星分布；缺乏区面积为3 050.11km²，约占14.15%；超上限区面积为192.72km²，约占0.89%，集中分布于武定县狮山镇。

有机质养分等级评价，其分带较为明显。丰富区面积为2 646.14km²，约占12.26%；较丰富区面积为3 995.16km²，约占18.53%，二者多呈零星状、条带状分布；中等区面积为7 438.11km²，约占34.50%，主要呈零散式分布，相对集中于楚雄市子午镇和武定县田心乡等地区；较缺乏区面积为6 237.34km²，约占28.93%，在永仁县和元谋县较为集中，在区域上和中等区交替分布；缺乏区面积为1 245.24km²，约占5.78%，集中分布于永仁县东南部和元谋县西北部，可能和干热河谷气候类型有关（图1）。

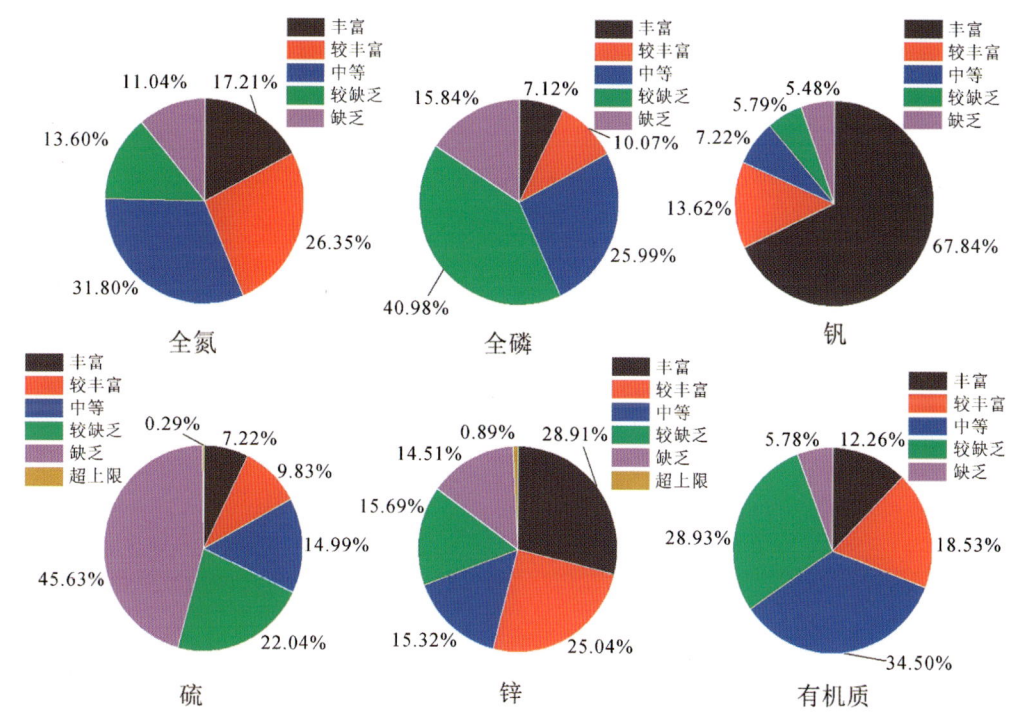

图1 土壤养分单指标等级分布

云贵高原农耕区（楚雄州七县一市）表层土壤养分地球化学综合等级划分图

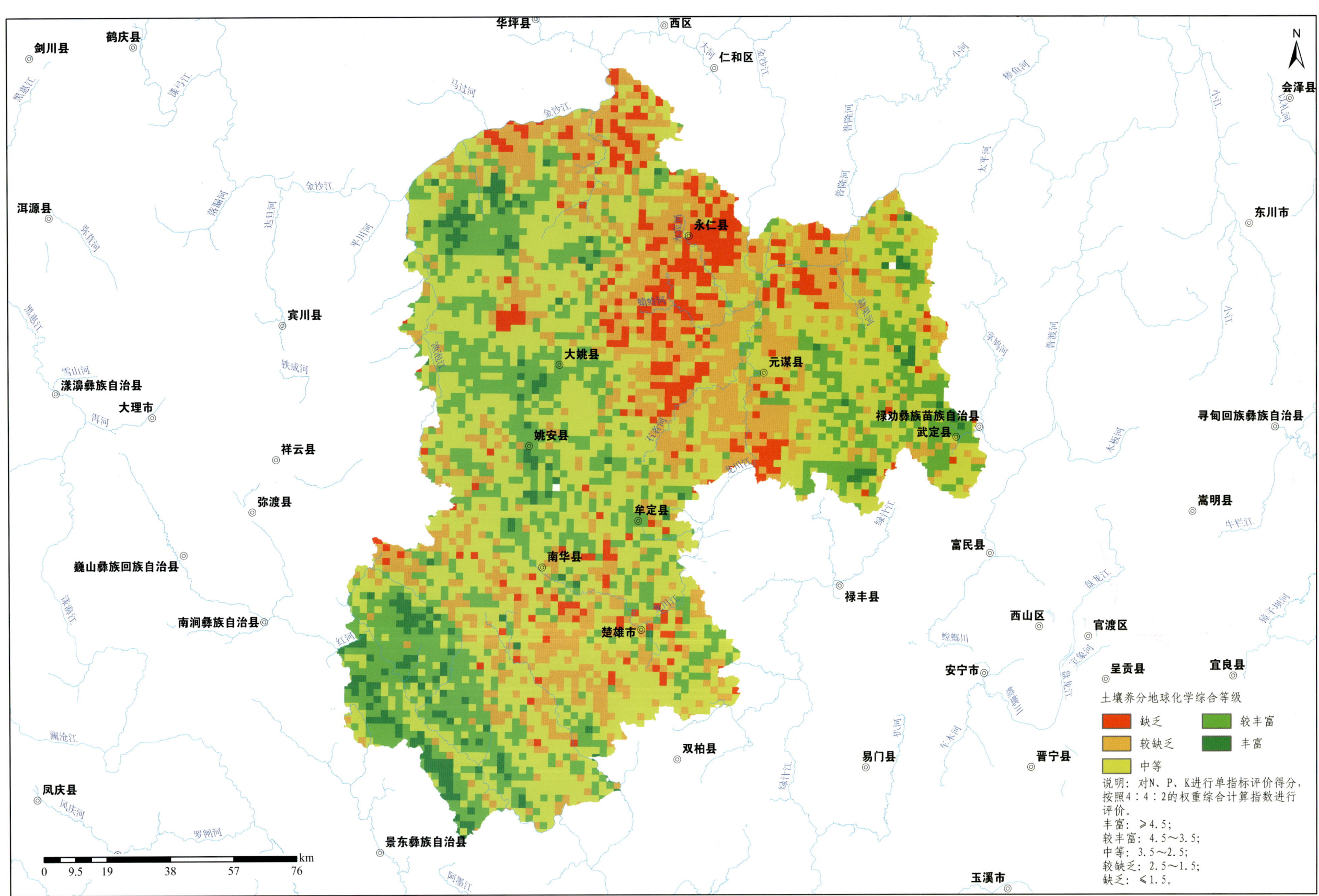

数据来源为1：25万土地质量地球化学调查表层土壤实测数据，有关采样按《土地质量地球化学评价规范》(DZ/T 0295—2016)的要求展开，分析化验由四川省地质矿产勘查开发局综合岩矿测试中心（成测中心）、湖北地质实验测试中心（湖北测试中心）、昆明中心实验室3家单位承担，均通过数据验收。

根据《土地质量地球化学评价规范》（DZ/T 0295—2016），在氮、磷、钾土壤单指标养分地球化学等级划分基础上，按照下列公示计算土壤养分地球化学综合得分$f_{养综}$：

$$f_{养综} = \sum_{i=1}^{n} k_i f_i$$

式中：$f_{养综}$——土壤氮、磷、钾评价总得分，$1 \leq f_{养综} \leq 5$；

K_i——氮、磷、钾权重系数，分别为0.4、0.4和0.2；

f_i——土壤氮、磷、钾的单元素等级得分，单指标评价结果为五级、四级、三级、二级、一级时所对应的f_i得分分别为1分、2分、3分、4分、5分。

土壤养分地球化学综合等级划分见表1，不同等级的图示与R：G：B同表2。

表1　土壤养分地球化学综合等级划分

等级	一等	二等	三等	四等	五等
$f_{养综}$	≥ 4.5	< 3.5 ~ 4.5	< 2.5 ~ 3.5	< 1.5 ~ 2.5	< 1.5

表2　土壤养分不同等级划分及图示

等级	一等	二等	三等	四等	五等
含义	丰富	较丰富	中等	较缺乏	缺乏
颜色					
R：G：B	0：176：80	146：208：80	255：255：0	255：192：0	255：0：0

通过统计计算，养分综合丰富区面积为789.40km²，约占3.66%，集中分布于楚雄市西舍路镇、大姚县三台乡一带，二者均为自然保护区所在地，有较丰富的森林资源；较丰富区面积为4 936.50km²，约占22.90%，较集中于楚雄市西舍路镇、树苴乡至新村镇一带和武定县境内，此外，在大姚县金碧镇和姚安县栋川镇也呈一定集中趋势，这两个区域地势较平坦，农业发展程度较高，或与长期的人为干预有关；中等区面积为9 220.74km²，约占42.76%，较集中于楚雄市中部、牟定县、元谋县东部和武定县大部分地区，在其余地区多呈零星状、带状展布；较缺乏区面积为4 992.10km²，约占23.15%，相对集中于楚雄市东华镇、牟定县成街乡、元谋县西部和永仁县绝大多数区域，其中在元谋县境内高度聚合；元素贫乏地区面积为1 623.27km²，约占7.53%，多呈零星状、带状分布，较集中于永仁县宜就镇—永定镇沿线东南到元谋县新华乡—江边乡沿线西北，该区域与干热河谷气候分布区的吻合程度较高，干热河谷会会导致水土流失加重，造成土壤贫化，在实地考察中发现该区域植被覆盖率和农业发展均处于较低水平（图1）。

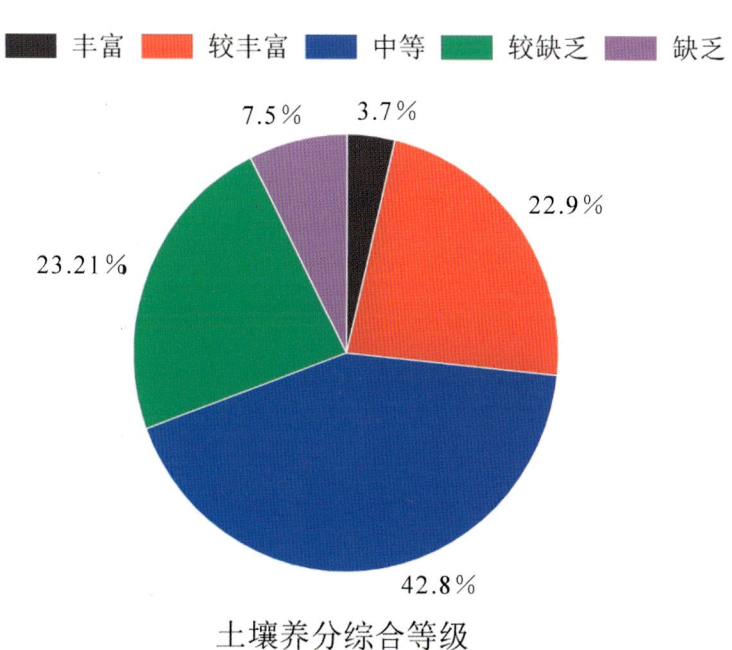

图1　土壤养分综合等级分布

云贵高原农耕区（楚雄州七县一市）表层土壤硒元素养分等级划分图

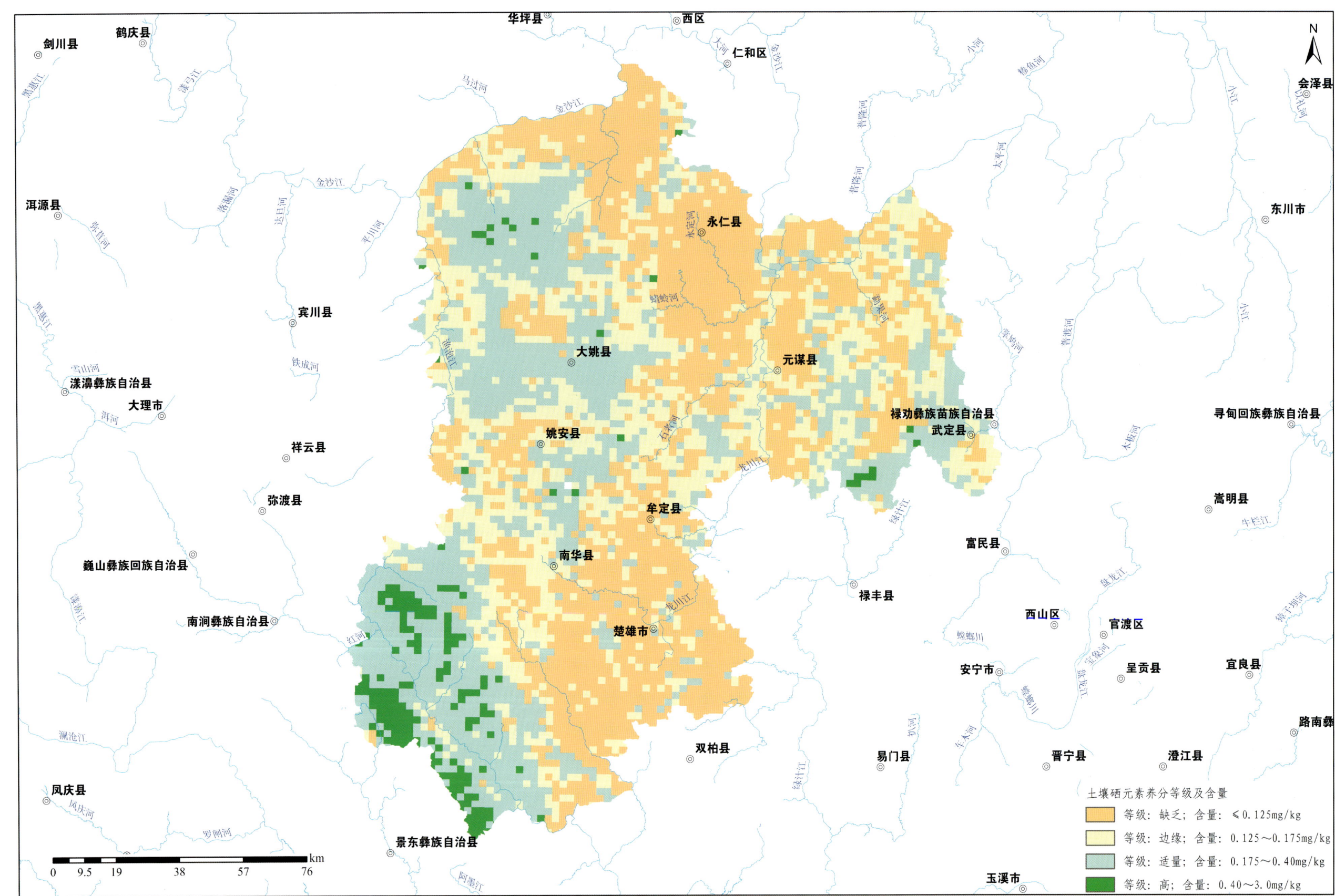

数据来源为 1 : 25 万土地质量地球化学调查表层土壤实测数据，有关采样按《土地质量地球化学评价规范》（DZ/T 0295—2016）》的要求展开，分析化验由四川省地质矿产勘查开发局综合岩矿测试中心（成测中心）、湖北地质实验测试中心（湖北测试中心）、昆明中心实验室 3 家单位承担，均通过数据验收。

硒元素养分参照规范划分为缺乏、边缘、适量、高 4 个等级，其中缺乏区面积为 5805km^2，约占 39.45%，在区域内占据主要地位；边缘区面积为 5711km^2，约占 26.49%，适量区面积为 6612km^2，约占 30.66%，二者相对集中于楚雄市西南部、元谋县东部、武定县、大姚县和姚安县等地区。高值区面积为 734km^2，约占 3.40%，集中于楚雄市三街镇 - 大地基乡西北侧、武定县猫街镇和大姚县三台乡等地区。

武定县猫街镇和楚雄市西舍路镇等地区，成土母质均为元古宇变质基底，两个区域的硒富集也主要受此控制。富硒成因主要有以下几点：①以地质构造导致的多种元素富集为基础，加上后期良好的生态保护，在人为干扰相对较少的情况下，大多数元素含量均高于区域背景值。②植物的转化聚集作用。猫街地区各类变质岩垂向剖面显示，硒元素普遍在表层土壤中富集，且 1 : 25 万多目标土壤调查圈定的富硒土地与有机碳丰富区高度匹配，说明有机质对表层土壤中硒的富集起到重要的作用。武定县猫街镇海拔 2000m 以上，水源丰富，大量的植物通过土壤化学作用，将岩石风化形成的分散的硒，转化聚集到表层土壤中。③黏土矿物的吸附作用。通过对富硒野生菌根系土进行电镜扫描、红外光谱、漫反射测试，鉴定根系土的黏土矿物中，含有氧化铁、三水铝石等矿物，这些黏土矿物可以将分散的硒吸附在表层土壤中。

云贵高原农耕区（楚雄州七县一市）表层土壤重金属环境地球化学等级划分图

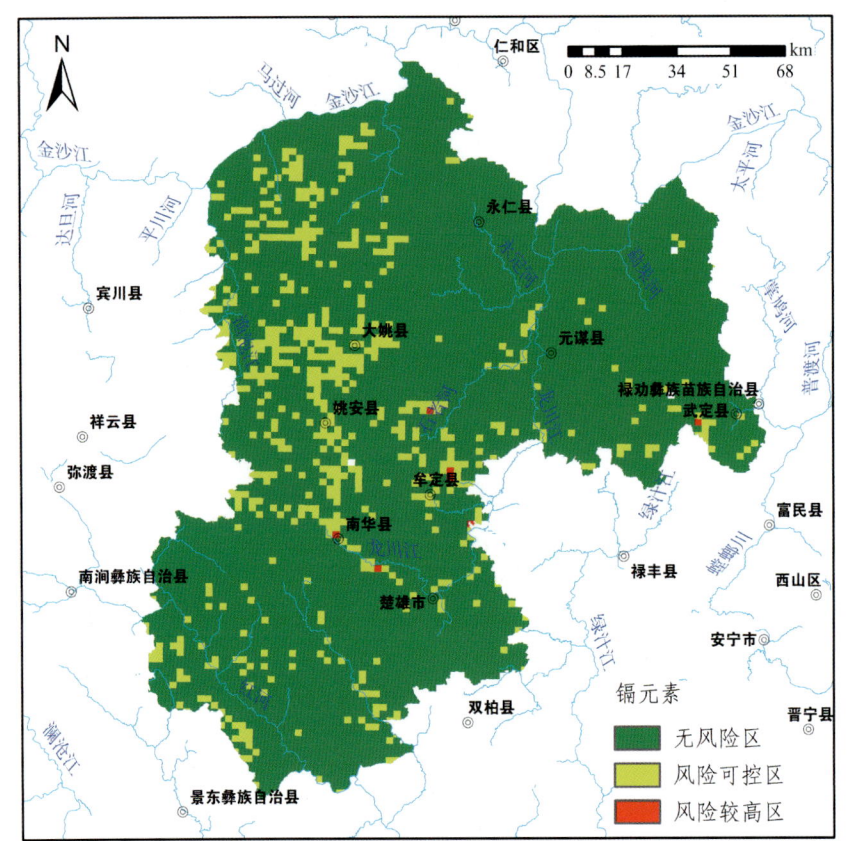
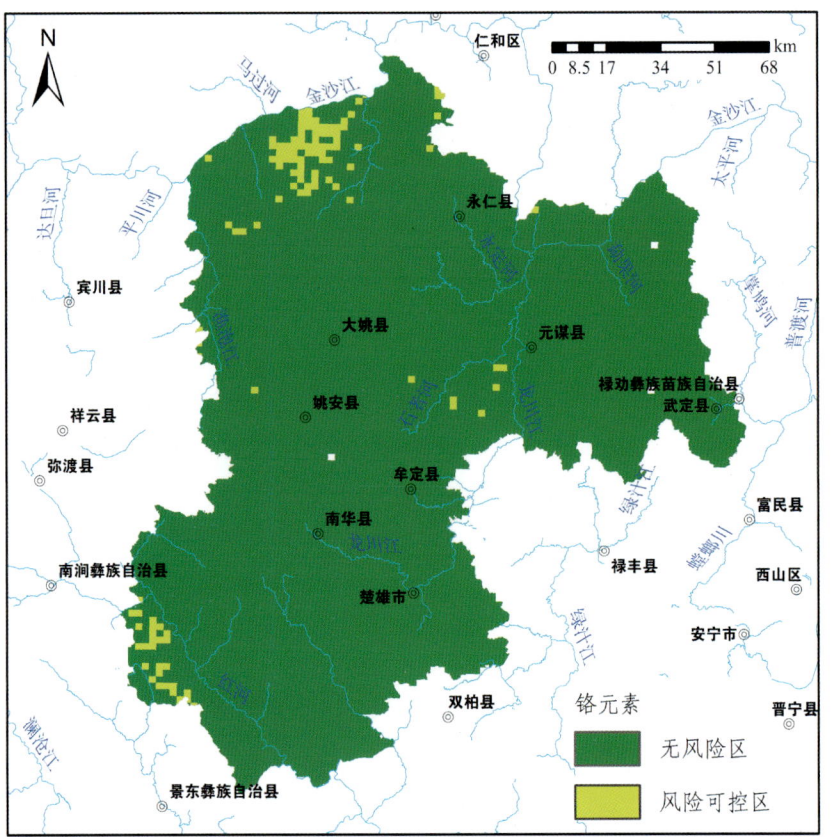
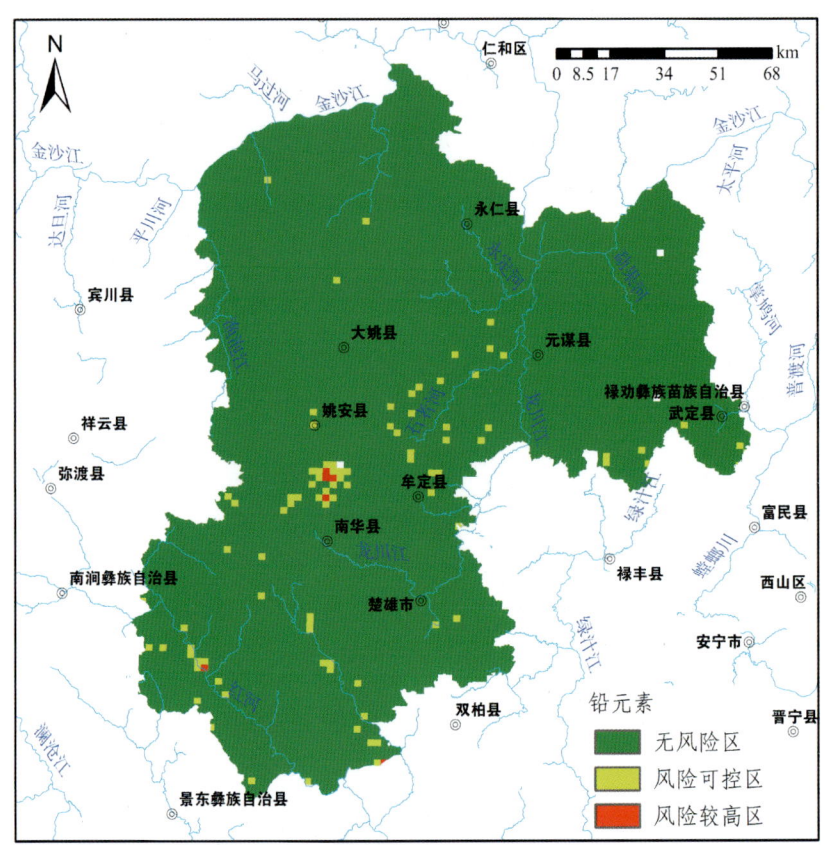
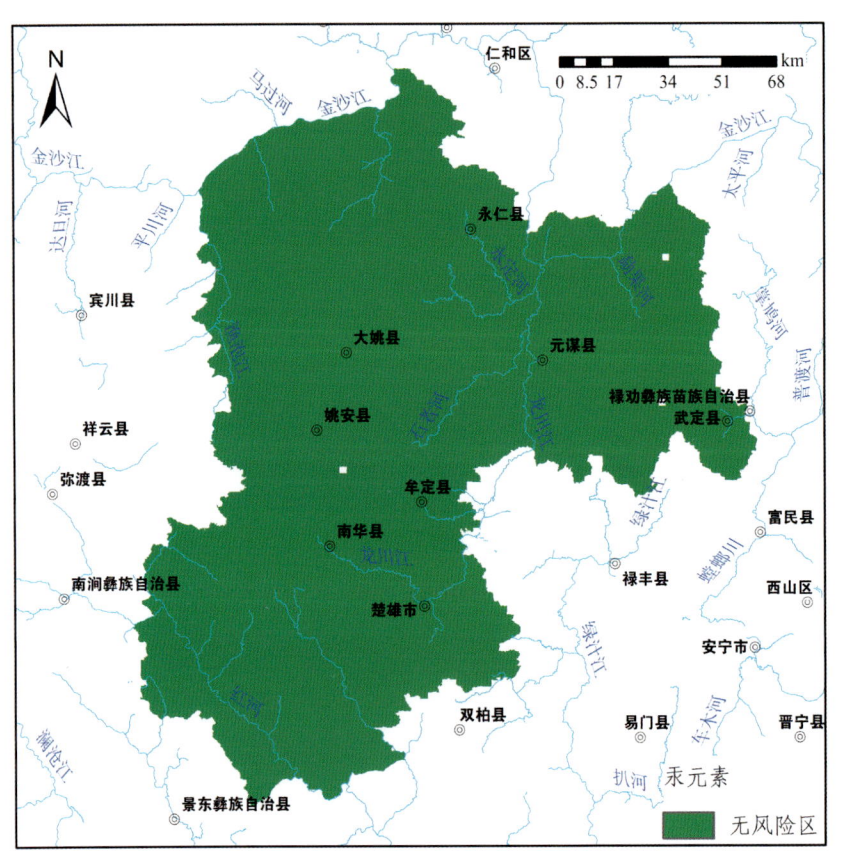
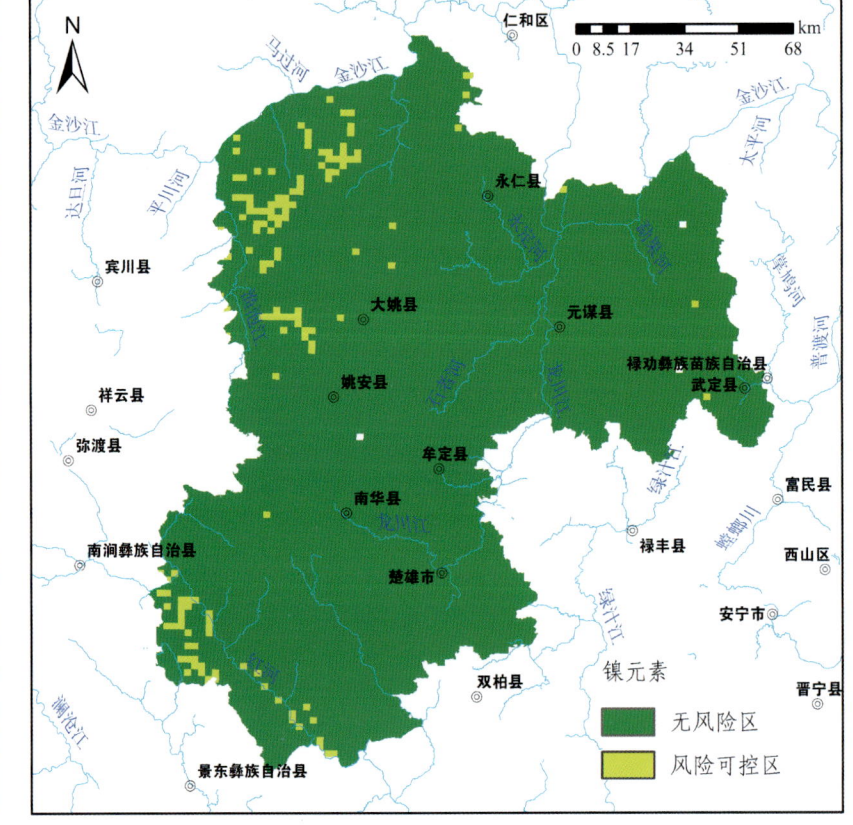
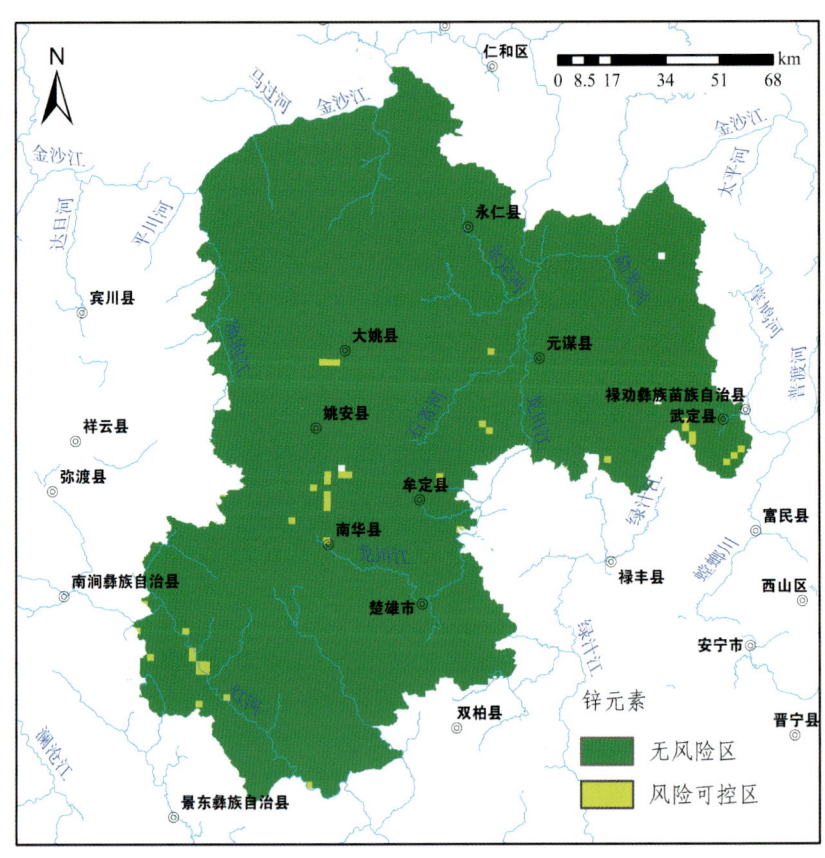

数据来源为1∶25万土地质量地球化学调查表层土壤实测数据,有关采样按《土地质量地球化学评价规范》(DZ/T 0295—2016)的要求展开,分析化验由四川省地质矿产勘查开发局综合岩矿测试中心(成测中心)、湖北地质实验测试中心(湖北测试中心)、昆明中心实验室3家单位承担,均通过数据验收。

应以生物(主要植物)土壤环境容量为标准作为土壤环境质量评价的指标。评价标准除镉、汞、砷、铜、铅、锌、铬、镍等8个元素及有机氯类农药六六六、DDT执行《土壤环境质量 农用地土壤污染风险管控标准(试行)(GB 15618—2018)》,砷、镉、铬、汞、铅等5个元素等级划分为"无风险""风险可控""风险较高"三级,铜、镍、锌等级划分为"无风险""风险可控"两级。土壤环境地球化学综合等级等同于单指标划分出的环境等级最差的等级。

有害元素单指标土壤环境地球化学等级图,按照下式,计算土壤污染物 i 的单项污染指数 P_i:

$$P_i = \frac{C_i}{S_i}$$

式中:C_i——土壤中 i 指标的实测浓度;

S_i——污染物 i 在 GB15618 中给出的二级标准值。

按照表1所示的土壤单项污染指数环境地球化学等级划分界限值,进行单指标土壤环境地球化学等级划分。

表1 土壤环境地球化学等级划分界限

土壤环境地球化学等级	一等	二等	三等
污染风险	无风险	风险可控	风险较高
划分方法	$C_i \leq S_i$	$S_i < C_i \leq G_i$	$C_i > G_i$
颜色	绿	黄	红
R:G:B	0:176:80	255:255:0	255:0:0

注:C_i 指土壤中 i 指标的实测浓度;S_i 指筛选值(GB 15618—2018);G_i 指管控值(GB 15618—2018)。

镉元素无风险区面积为 19 182.69km²,约占 88.96%;风险可控区面积为 2 349.66km²,约占 10.90%,区域内呈零星分布,在楚雄市西舍路镇、牟定县新桥镇以及工作区西北部较为集中;风险较高区面积为 29.65km²,约占 0.14%,仅在楚雄市紫溪镇、牟定县新桥镇、江坡镇、南华县龙川镇和武定县狮山镇少量出露。

铬元素无风险区面积为 21 091.33km²,约占 97.82%;风险可控区面积为 470.67km²,约占 2.18%,主要分布于永仁县永兴傣族乡、元谋县姜驿乡、南华县五顶山乡、马街镇、兔街镇和大姚县湾碧傣族傈僳族乡。

铅元素无风险区面积为 21 161.74km²,约占 98.14%;风险可控区面积为 374.31km²,约占 1.74%,呈零星分布,其中楚雄市三街镇至新村镇沿线和牟定县境内较多,在姚安县太平镇较为集中;风险较高区面积为 25.94km²,约占 0.12%,在姚安县太平镇、楚雄市八角镇及工作区边界上零星分布。

汞元素在全域均为无风险区。

镍元素无风险区面积为 21 020.91km²,约占 97.49%;风险可控区面积为 541.09km²,约占 2.51%,较集中于楚雄市西舍路镇外沿的红河流域,其余沿工作区外围展布,在大姚县西北侧分布较多。

锌元素无风险区面积为 21 384.11km²,约占 99.17%;风险可控区面积为 177.89km²,约占 0.83%,多呈零星分布,相对集中于武定县狮山镇、姚安县太平镇和南华县马街镇等地区。

云贵高原农耕区（楚雄州七县一市）表层土壤环境地球化学综合等级划分图

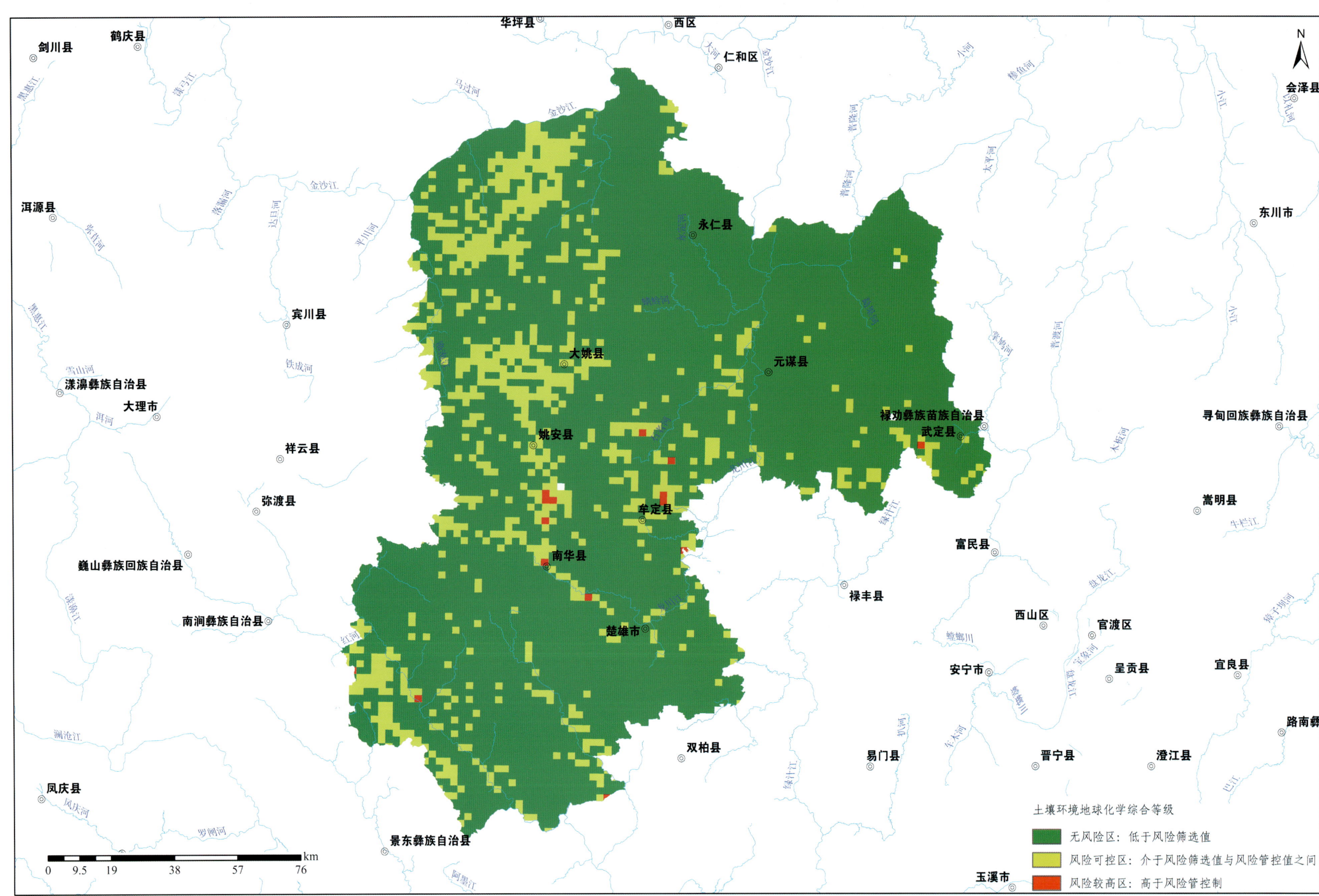

数据来源为1：25万土地质量地球化学调查表层土壤实测数据，有关采样按《土地质量地球化学评价规范》（DZ/T 0295—2016）》的要求展开，分析化验由四川省地质矿产勘查开发局综合岩矿测试中心（成测中心）、湖北地质实验测试中心（湖北测试中心）、昆明中心实验室3家单位承担，均通过数据验收。

土壤环境质量地球化学评价指标为土壤砷、镉、铬、铅、汞、镍、铜、锌。《土壤环境质量 农用地土壤污染风险管控标准（试行）》（GB 15618—2018）中规定了农用地土壤污染风险筛选值和管控值（表1），风险管控值项目包括砷、镉、铬、汞、铅等5个元素，铜、镍、锌仅作为风险筛选值项目。

评价方法参照《土地质量地球化学评价规范》（DZ/T 0295—2016）（以下简称"规范"），Cu、Zn作为养分评价指标和环境评价指标，要求选择一种进行测试即可，本图集选择环境评价指标进行分析测试。

遵循"短板法则"进行土壤环境质量地球化学等级划分，每个评价单元的土壤环境地球化学综合等级等同于单指标划分出的最差的环境等级。单指标分别为砷（As）、铬（Cr）、镉（Cd）、铜（Cu）、汞（Hg）、铅（Pb）、镍（Ni）和锌（Zn）这8种重金属元素。元素单指标评价分为3等，一等为无风险（$C_i \leq S_i$），二等为风险可控（$S_i < C_i \leq G_i$），三等为风险较高（$C_i > G_i$）。C_i指土壤中污染物指标i的实测质量分数；S_i指土壤中污染物指标i在GB 15618—2018中给出的二级标准值；G_i为各地区元素风险管制值，见表1。

土壤环境综合质量评价是在单指标土壤环境地球化学等级划分基础上，每个评价单元的土壤环境地球化学综合等级等同于单指标划分出的环境等级最差的等级。如砷、镉、镉、铜、汞、铅、镍和锌划分出的环境地球化学等级分别为三等、二等、一等、二等、二等、一等、二等和一等时，该综合等级为三等。

由此可得，该区土壤环境地球化学综合等级中无风险区面积为18 215.41km^2，约占84.48%；主要为永仁县、元谋县、武定县和南华县的大部分地区，风险可控区面积为3 279.88km^2，约占15.21%，较集中于楚雄市西南部和东北部、牟定县新桥镇、武定县猫街镇、狮山镇以及大姚县和姚安县的大部分地区；风险较高区面积为66.71km^2，约占0.31%，仅出露于楚雄市八角镇、紫溪镇、牟定县新桥镇、蟠猫镇、武定县狮山镇、南华县龙川镇和姚安县太平镇等地区。

其中风险可控区主要是镍元素的对应等级分布较广所导致，高风险区主要是由砷、镉、铅各自的高风险区所叠加。

表1 土壤污染风险筛选值和管控值

序号	污染物项目			pH ≤ 5.5	5.5 < pH ≤ 6.5	6.5 < pH ≤ 7.5	pH > 7.5
1	镉	风险筛选值	水田	0.3	0.4	0.6	0.8
			其他	0.3	0.3	0.3	0.6
		管控值		—	1.5	2	3	4
2	汞	风险筛选值	水田	0.5	0.5	0.6	1
			其他	1.3	1.8	2.4	3.4
		管控值		2	2.5	4	6
3	砷	风险筛选值	水田	30	30	25	20
			其他	40	40	30	25
		管控值		200	150	120	100
4	铅	风险筛选值	水田	80	100	140	240
			其他	70	90	120	170
		管控值		—	400	500	700	1000
5	铬	风险筛选值	水田	250	250	300	350
			其他	150	150	200	250
		管控值		—	800	850	1000	1300
6	铜	风险筛选值	果园	150	150	200	200
			其他	50	50	100	100
7	镍	风险筛选值	—	60	70	100	190
8	锌	风险筛选值	—	200	200	250	300

注：重金属和类金属砷均按元素总量计。对于水旱轮作地采用其中较严格的风险筛选值。

云贵高原农耕区（楚雄州七县一市）表层土壤质量地球化学综合等级划分图

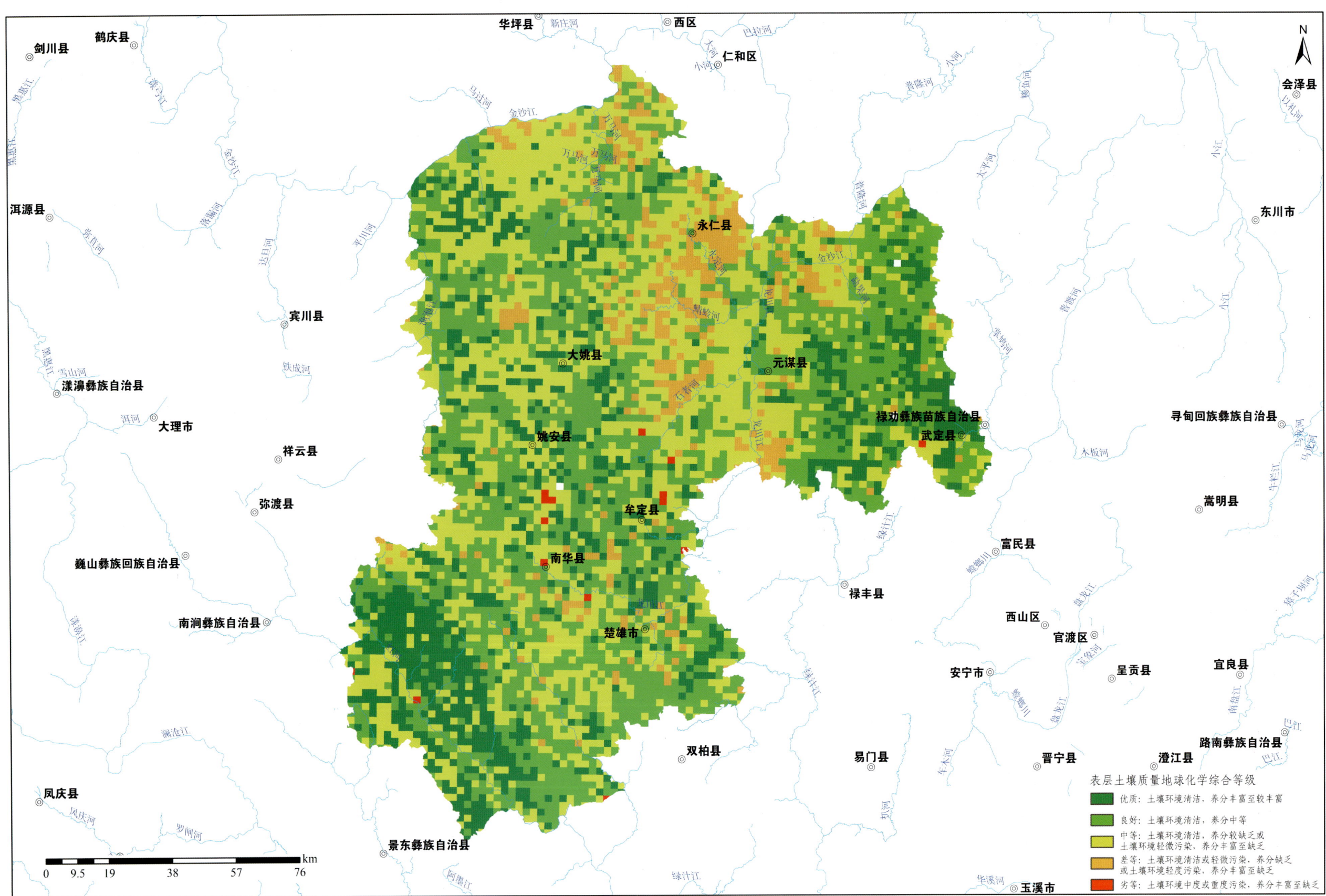

数据来源为 1∶25 万土地质量地球化学调查表层土壤实测数据，有关采样按《土地质量地球化学评价规范》（DZ/T 0295—2016）的要求展开，分析化验由四川省地质矿产勘查开发局综合岩矿测试中心（成测中心）、湖北地质实验测试中心（湖北测试中心）、昆明中心实验室 3 家单位承担，均通过数据验收。

土壤质量地球化学综合等级由评价单元的土壤养分地球化学综合等级与土壤环境地球化学综合等级叠加产生，参照表 1，评价划分各个评价单元土壤质量综合地球化学等级。

表 1　土壤质量地球化学的图示与含义

土壤质量地球化学综合等级		土壤环境地球化学综合等级		
		一等：无风险	二等：风险可控	三等：风险较高
土壤养分地球化学综合等级	一等：丰富	一等	三等	五等
	二等：较丰富	一等	三等	五等
	三等：中等	二等	三等	五等
	四等：较缺乏	三等	三等	五等
	五等：缺乏	四等	四等	五等
一等（优质）：土壤无污染风险，土壤养分丰富至较丰富。				
二等（良好）：土壤无污染风险，土壤养分为中等。				
三等（中等）：土壤无污染风险，土壤养分较缺乏或土壤污染风险可控，土壤养分丰富至较缺乏。				
四等（差等）：土壤无污染风险或污染风险可控，土壤养分缺乏。				
五等（劣等）：土壤环境污染风险较高，土壤养分丰富至缺乏。				

该区土壤质量地球化学等级一等（优质）区面积为 3 739.74km^2，约占 17.62%，相对集中于楚雄市三街镇－新村镇沿线西面，吕合镇－子午镇沿线东北至牟定县共和镇－江坡镇沿线西南，元谋县东部和武定县大部分地区，在南华县、姚安县和大姚县境内多呈条带状、零星状展布。二等（良好）区面积为 8 134.86km^2，约占 37.73%，是评价单元中占比最大的部分，除以丰富区交替分布外，较集中于楚雄市三街镇－新村镇沿线东北至吕合镇－子午镇沿线西南，武定县白路镇、高桥镇和田心乡的中间地块。在南华县、姚安县和大姚县域内多呈零星块状交替分布。三等（中等）区面积为 7 938.43km^2，约占 36.82%，较集中于永仁县永兴傣族乡、猛虎镇、宜就镇、元谋县物茂乡、环州乡和羊街镇一带，在其余地区零星分布。四等（差等）区面积为 1 623.27km^2，约占 7.53%，较集中于永仁县永定镇、莲池乡、元谋县新华乡、江边乡以北和羊街镇以西的地区，在其余地区零星分布。五等（劣等）区面积为 66.71km^2，约占 0.31%，与环境评价中风险等级较高的区域相对应。

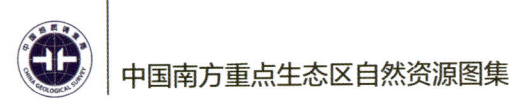

武陵山农耕区（湖南省龙山县）表层土壤重金属元素等值线图

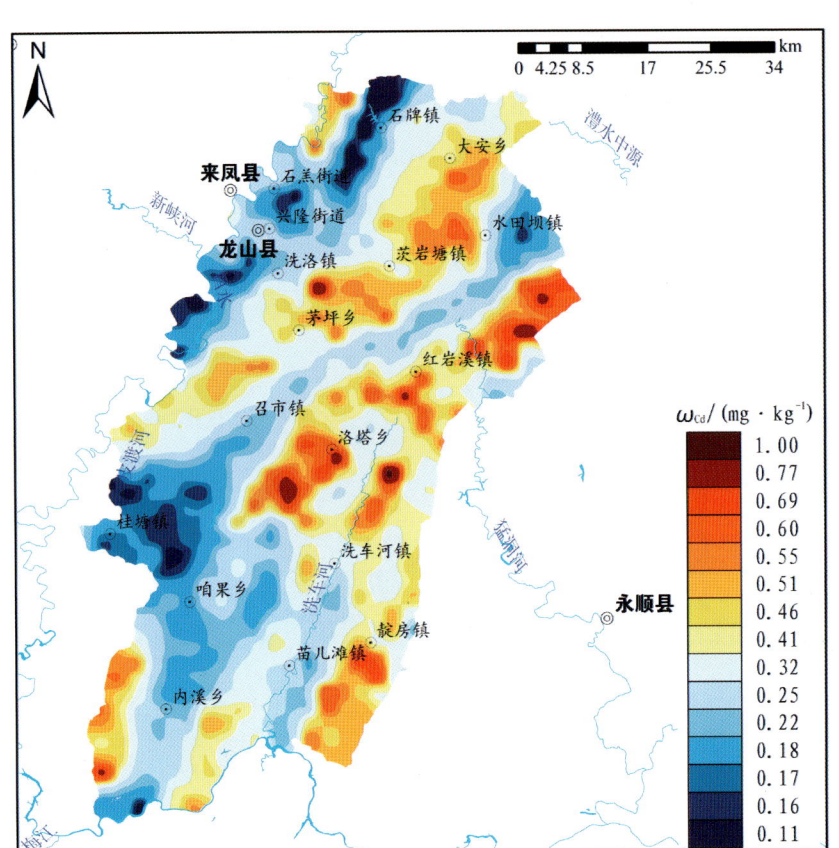
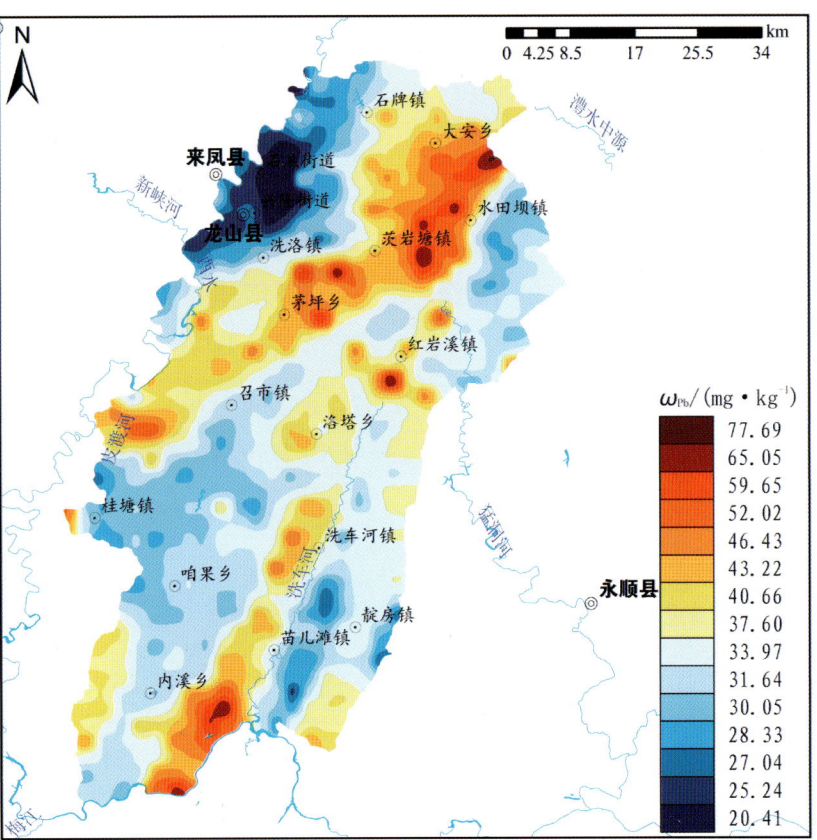
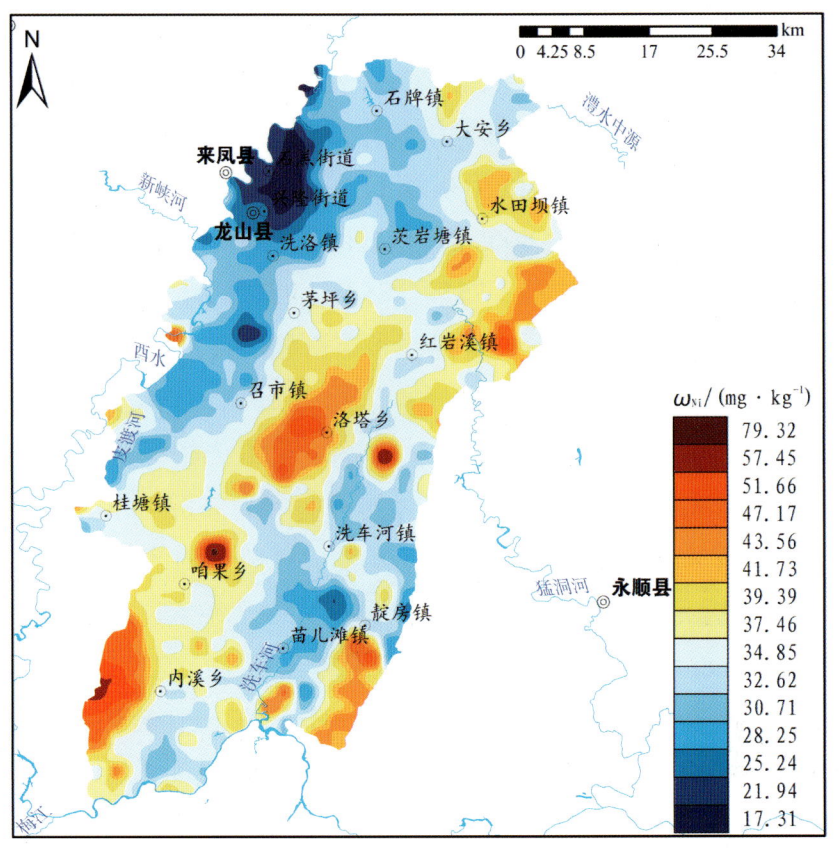
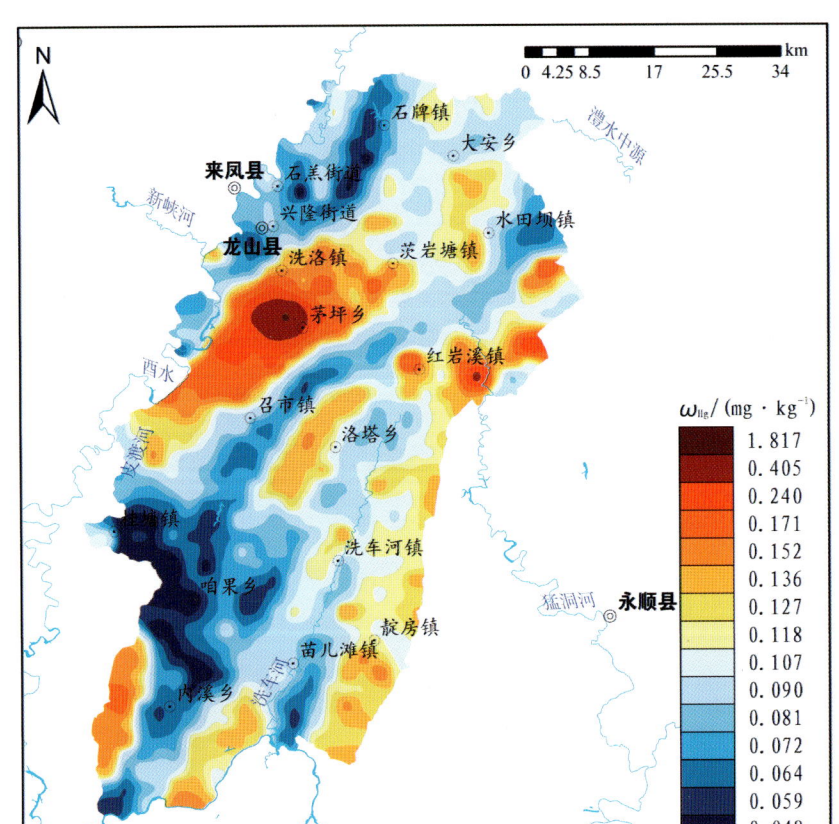
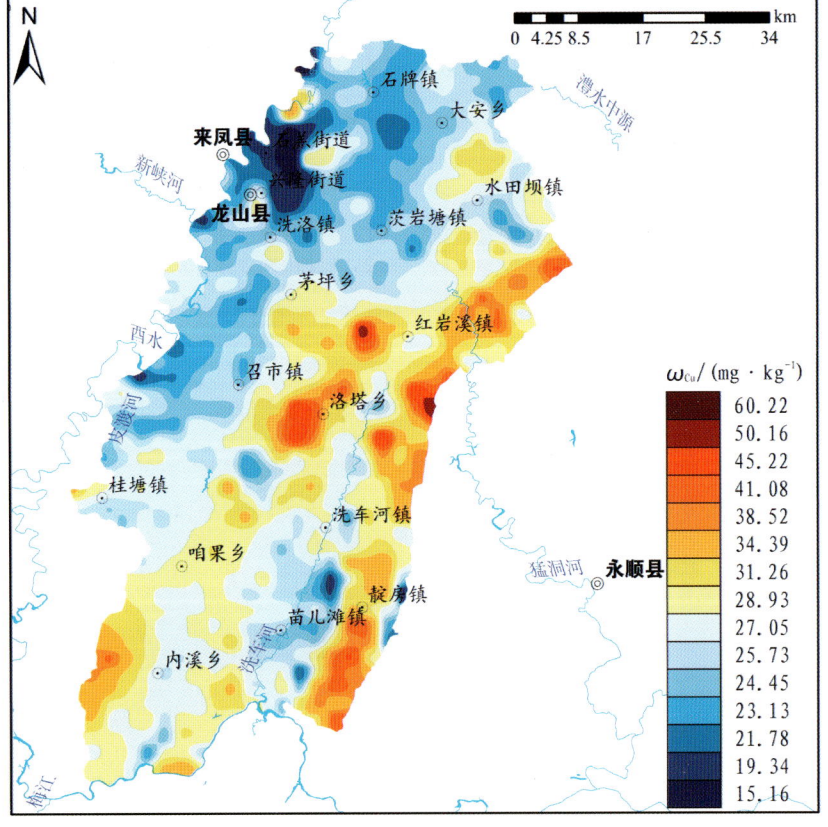
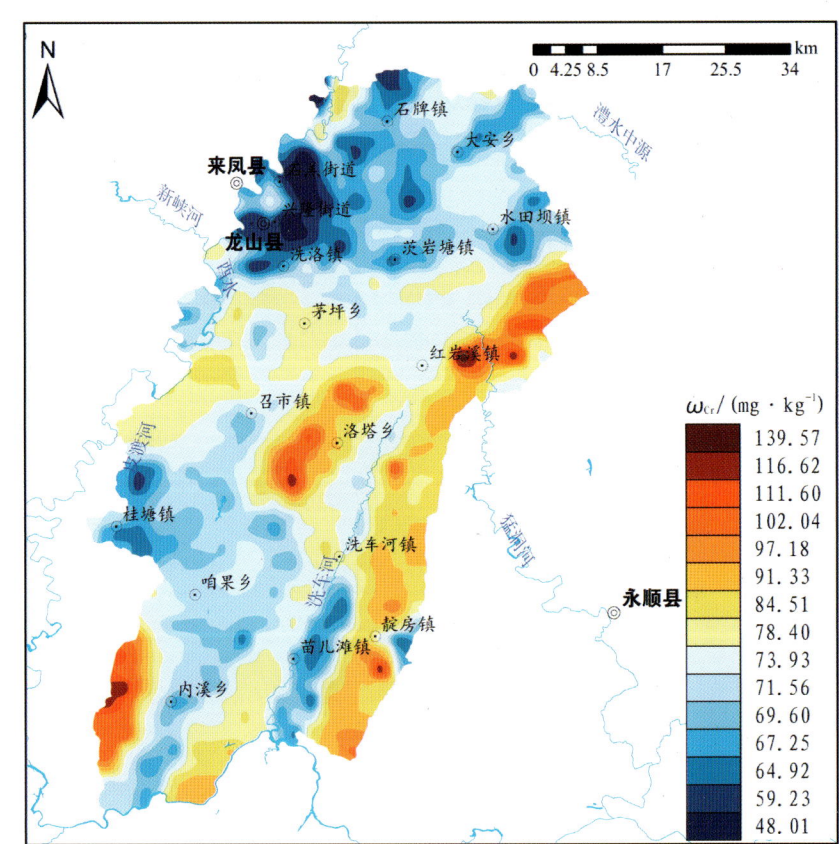

图件数据来源于南方重点生态区生态保护修复支撑调查工程下属三级项目——湘西片区土地质量地球化学调查，根据 775 件表层土壤分析数据结果，采用幂指数加权法对数据进行网格化处理，按照不同含量色阶勾绘成图。图件编制采用 CGCS2000 坐标系、高斯－克吕格（6 分带）投影，中央经线为东经 111°。数据网格化参数：网格间距为 500m×500m 的数据原始网度，搜索半径为 8000m，指数因子为 10。元素以累计频率 0.5％、1.5％、4％、8％、15％、25％、40％、60％、75％、85％、92％、96％、98.5％、99.5％、100％相对应的 15 级含量勾绘等值线图及色阶，等值线色与面色一致，不标注等量线值。

全区表层土壤元素共测试样本量为 775 件，对其进行基准值与参数特征统计。富集系数（BCF）是衡量重金属积累能力大小的一个重要指标，富集系数越大说明富集能力越强，同时也说明该元素在土壤中含量相对较高，为分析工作区土壤地球化学背景值的区域特点，将调查区地球化学背景值与全国土壤背景值进行对比，计算背景值相对富集系数 K_1，对全区 K_1 值按分析元素类别进行讨论。当富集系数（BCF）≥ 1.2 为相对富集，1.2<BCF ≤ 0.8 为贫富相当，0.8>BCF 为相对贫化。统计地球化学特征值参数见表 1。

表中数据结果显示，Cd、Cr、Cu、Hg、Ni、Pb 元素平均值高于全国土壤背景值，富集系数分别为 3.30、1.24、1.28、1.54、1.32、1.35，说明该区土壤 Cd、Cr、Cu、Hg、Ni、Pb 相对全国富集。根据地球化学图来看，Cd 的高值区位于洛塔乡、水田坝镇一带，低值区位于北部石牌镇。Pb 的高值区位于水田坝镇、茨岩塘镇一带，低值区位于石羔街道和兴隆街道一带。Ni 的高值区位于咱果乡和龙山县西南部，低值区位于石羔街道和兴隆街道一带。Hg 的高值区位于茅坪乡，低值区位于龙山县西南部桂塘镇、咱果乡一带。Cu 的高值区位于红岩溪镇，低值区位于石羔街道和兴隆街道一带。Cr 的高值区位于红岩溪镇和龙山县西南部，低值区位于石羔街道和兴隆街道一带。

对龙山工作区内土壤重金属含量进行了统计性分析，龙山工作区土壤重金属 Cd、Cr、Cu、Hg、Ni、Pb 含量的平均值分别为 0.32 mg/kg、75.40mg/kg、28.86 mg/kg、0.10mg/kg、35.50mg/kg、35.00 mg/kg；龙山工作区土壤重金属 Cd、Cr、Cu、Hg、Ni、Pb 含量的平均值与湖南省表层土壤元素背景值的比值分别为 2.85、1.09、1.06、1.31、1.13、1.26；龙山工作区内土壤 6 种重金属元素环境质量总体较好，除 Cd 元素外，其他 5 种元素风险可控区面积占比均未超过 2％，且全无风险较高区，单元素环境地球化学等级处于无风险状态面积较大。

环境质量综合等级评价主要受到 Cd 影响，超过半数的土壤处于风险可控等级，其余土壤均在无风险范围内。对比 6 种重金属元素环境地球化学等级可见，土壤 Cd 污染风险最高，占龙山工作区面积的 51.32％（表 2）。

表 2 龙山工作区土壤重金属单指标及环境综合分级统计表

元素/土壤环境	一等（无风险）		二等（风险可控）		三等（风险较高）	
	面积（km²）	比例（％）	面积（km²）	比例（％）	面积（km²）	比例（％）
Cd	1 524.43	48.68	1607.12	51.32	0.00	0.00
Cr	3 127.55	99.87	4.00	0.13	0.00	0.00
Cu	3 109.02	99.28	22.52	0.72	0.00	0.00
Hg	3 127.55	99.87	4.00	0.03	0.00	0.00
Ni	3 094.33	98.81	37.22	1.19	0.00	0.00
Pb	3 103.50	99.10	28.05	0.90	0.00	0.00
环境综合	1 465.58	46.80	1 665.96	53.20	0.00	0.00

表 1 龙山县工作区土壤背景值与全国 A 层土壤背景值对比表

指标	背景值（10^{-6}）	全国 A 层（10^{-6}）	富集系数	指标	背景值（10^{-6}）	全国 A 层（10^{-6}）	富集系数
Cd	0.32	0.10	3.30	Hg	0.10	0.07	1.54
Cr	75.40	61.00	1.24	Ni	35.50	26.90	1.32
Cu	28.86	22.60	1.28	Pb	35.00	26.00	1.35

注：全国土壤背景值引自《中国土壤地球化学参数》，（侯青叶等，2020）。

武陵山农耕区（湖南省凤凰县、龙山县）富硒土地分布图

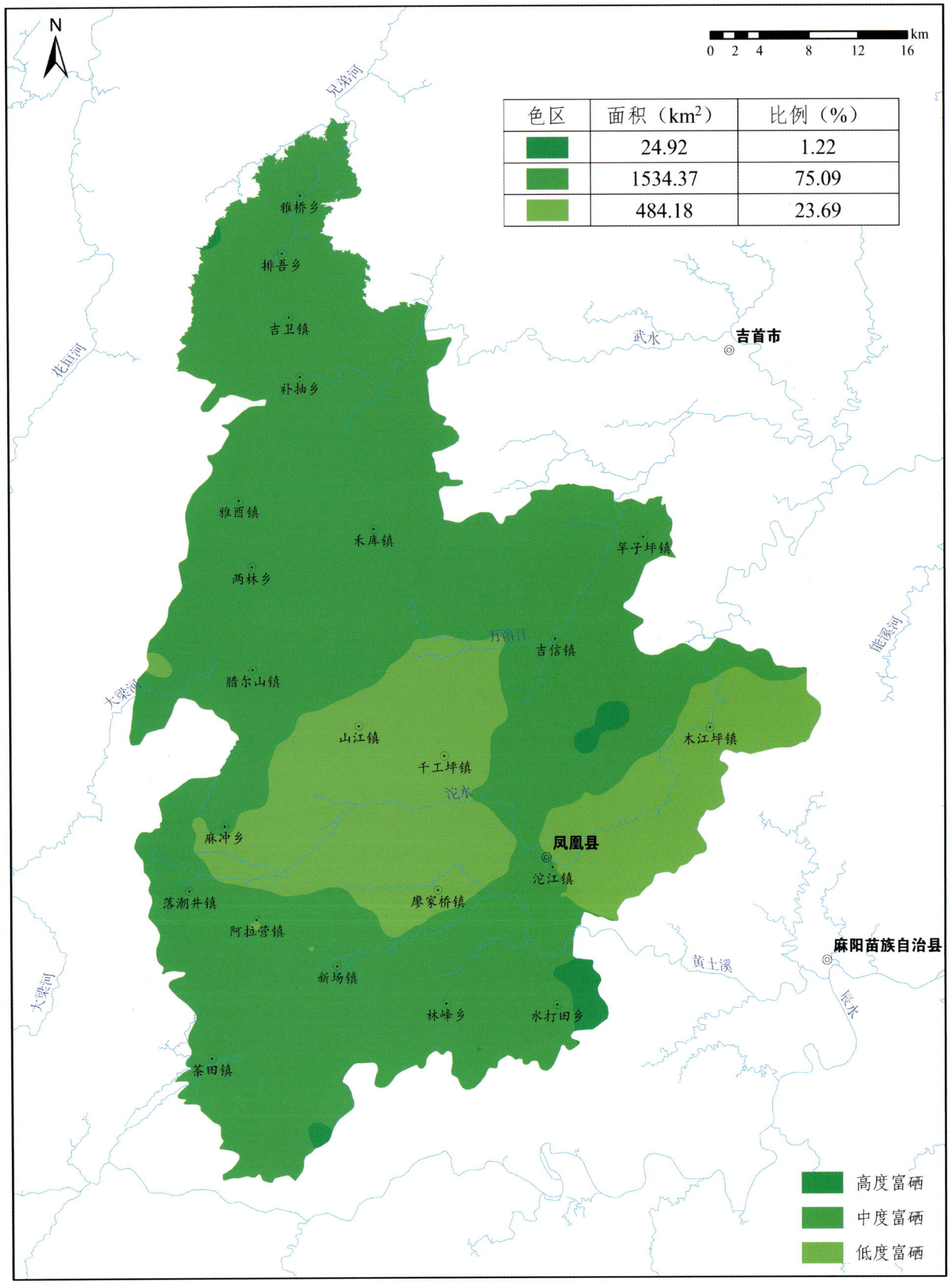

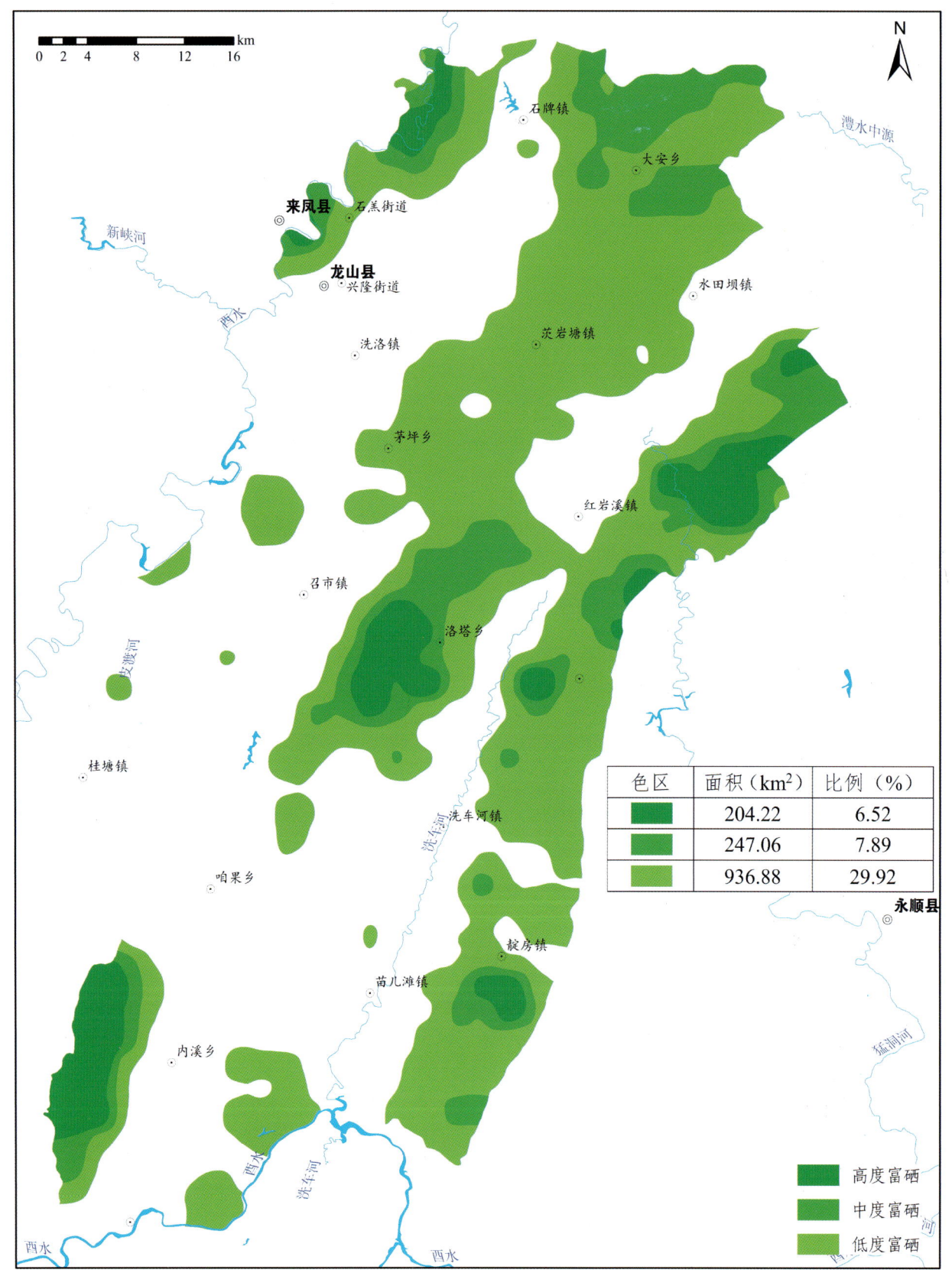

图件数据来源于南方重点生态区生态保护修复支撑调查工程下属三级项目——湘西片区土地质量地球化学调查，根据表层土壤分析数据结果，采用幂指数加权法对数据进行网格化处理，按照不同含量色区勾绘成图。图件编制采用CGCS2000坐标系、高斯-克吕格（6分带）投影，中央经线为东经111°。数据网格化参数：网格间距为500m×500m的数据原始网度，搜索半径为8000m，指数因子为10。元素以累计频率0.5%、1.5%、4%、8%、15%、25%、40%、60%、75%、85%、92%、96%、98.5%、99.5%、100%相对应的15级含量勾绘等值线图及色阶，等值线色与面色一致，不标注等量线值。

《土地质量地球化学评价规范》（DZ/T 0295—2016）中规定：土壤中硒含量等级的划分标准为：$\omega_{Se}>3.0$ mg/kg，表示土壤硒过剩（一等）；$0.40<\omega_{Se}\leq 3.00$ mg/kg，表示土壤富硒（二等）；$0.175<\omega_{Se}\leq 0.40$ mg/kg，表示土壤硒适量（三等）；$0.125<\omega_{Se}\leq 0.175$ mg/kg，表示土壤硒较缺乏（四等）；$\omega_{Se}\leq 0.125$ mg/kg，表示土壤硒缺乏（五等）（表1）。调查结果显示，区内土壤硒含量整体较高，为精细化区分富硒土地资源，按照硒含量大于0.4mg/kg、0.6mg/kg、0.80mg/kg将富硒土地划分为一般富硒土地、中度富硒土地、高度富硒土地。

调查结果显示，龙山县富硒土地和凤凰县富硒土地主要分布在二叠系、三叠系黑色页岩和寒武系碳酸盐岩地层中。

表1 土壤Se等级划分标准值表　　　　　　　　　　　　　　　　　单位：mg/kg

等级	缺乏	边缘	适量	高	过剩
硒元素含量	≤ 0.125	0.125～0.175	0.175～0.400	0.400～3.000	> 3.000

凤凰工作区土壤硒含量水平整体较高，平均值为0.56mg/kg，绝大部分表层土壤硒含量范围在0.175～3.0mg/kg之间。硒含量等级为过剩、高、适量、较缺乏、缺乏的土壤面积分别为18.20km²、1 339.84km²、685.43km²、0km²、0km²，分别占凤凰工作区面积的0.89%、65.57%、33.54%、0%和0%。根据富硒土地资源分布情况，结合凤凰工作区耕地资源分布情况和特色农产品规划，在凤凰县划分了3个富硒土地资源开发远景区，富硒开发远景区位于腊尔山镇、吉信镇、水田乡等地区，面积为497km²，占凤凰工作区面积的28.69%；其中富硒土地优先开发区149km²，次优先开发区348km²。远景区土壤养分综合等级主要为中等及以上，地质背景为寒武系碳酸盐岩地层，土地利用类型主要为林地、园地和耕地。该富硒土地资源开发远景区可开发富硒猕猴桃、吊瓜和柑橘等农产品，可充分挖掘凤凰工作区特色土地资源，积极推动富硒土地认证，进一步提升地区农产品品牌效益。

龙山工作区内土壤硒含量整体较高，平均值为0.45 mg/kg，绝大部分表层土壤硒含量范围在0.175～3.0mg/kg之间。硒含量等级为过剩、高、适量、较缺乏、缺乏的土壤面积分别为4km²、1 294.36km²、1 833.19km²、0km²、0km²，分别占龙山工作区面积的0.13%、41.33%、58.54%、0.00%和0.00%（表2）。表明龙山工作区存在丰富的富硒土地资源，具有广阔的开发前景。在1:25万土地质量地球化学调查成果基础上，结合当地富硒土地的开发利用条件，在龙山工作区划分了5个富硒土地资源开发远景区，富硒开发远景区整体位于石羔街道、大安乡、洛塔乡、里耶镇等地区，总面积为911km²，占龙山工作区面积的29.12%；其中富硒土地优先开发区219km²，次优先开发区692km²。远景区养分综合等级主要为中等及以上等级，地质背景为二叠系黑色页岩和寒武系碳酸盐岩地层，土地利用类型主要为林地、缓坡地和耕地。该富硒土地资源开发远景区可开发富硒百合、茶叶、油茶和脐橙等农产品，可参考"新田经验"，充分挖掘龙山工作区特色土地资源，进一步提升地区农产品品牌效益。

表2 工作区土壤Se分级统计表

工作区	项目	过剩	高	适量	边缘	缺乏
凤凰	面积（km²）	18.20	1 339.84	685.43	0.00	0.00
	比例（%）	0.89	65.57	33.54	0.00	0.00
龙山	面积（km²）	4.00	1 294.36	1 833.19	0.00	0.00
	比例（%）	0.13	41.33	58.54	0.00	0.00
分级标准		>3	0.4～3	0.175～0.4	0.125～0.175	≤ 0.125

武陵山农耕区（湖南省凤凰县、龙山县）土壤质量综合评价图

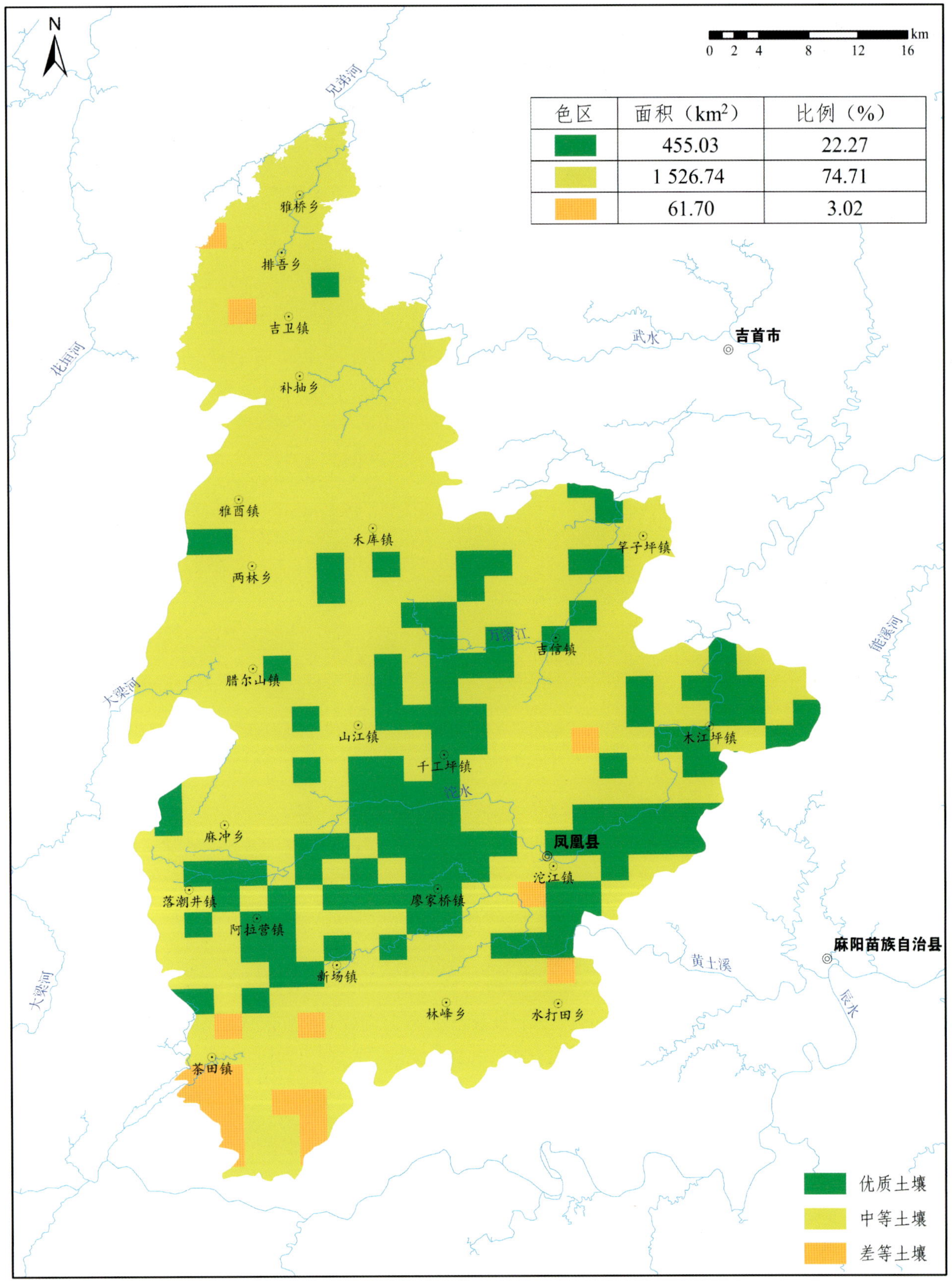

色区	面积（km²）	比例（%）
	455.03	22.27
	1 526.74	74.71
	61.70	3.02

凤凰县：优质土壤、中等土壤、差等土壤

色区	面积（km²）	比例（%）
	405.92	12.96
	1 012.16	32.32
	1 713.52	54.72

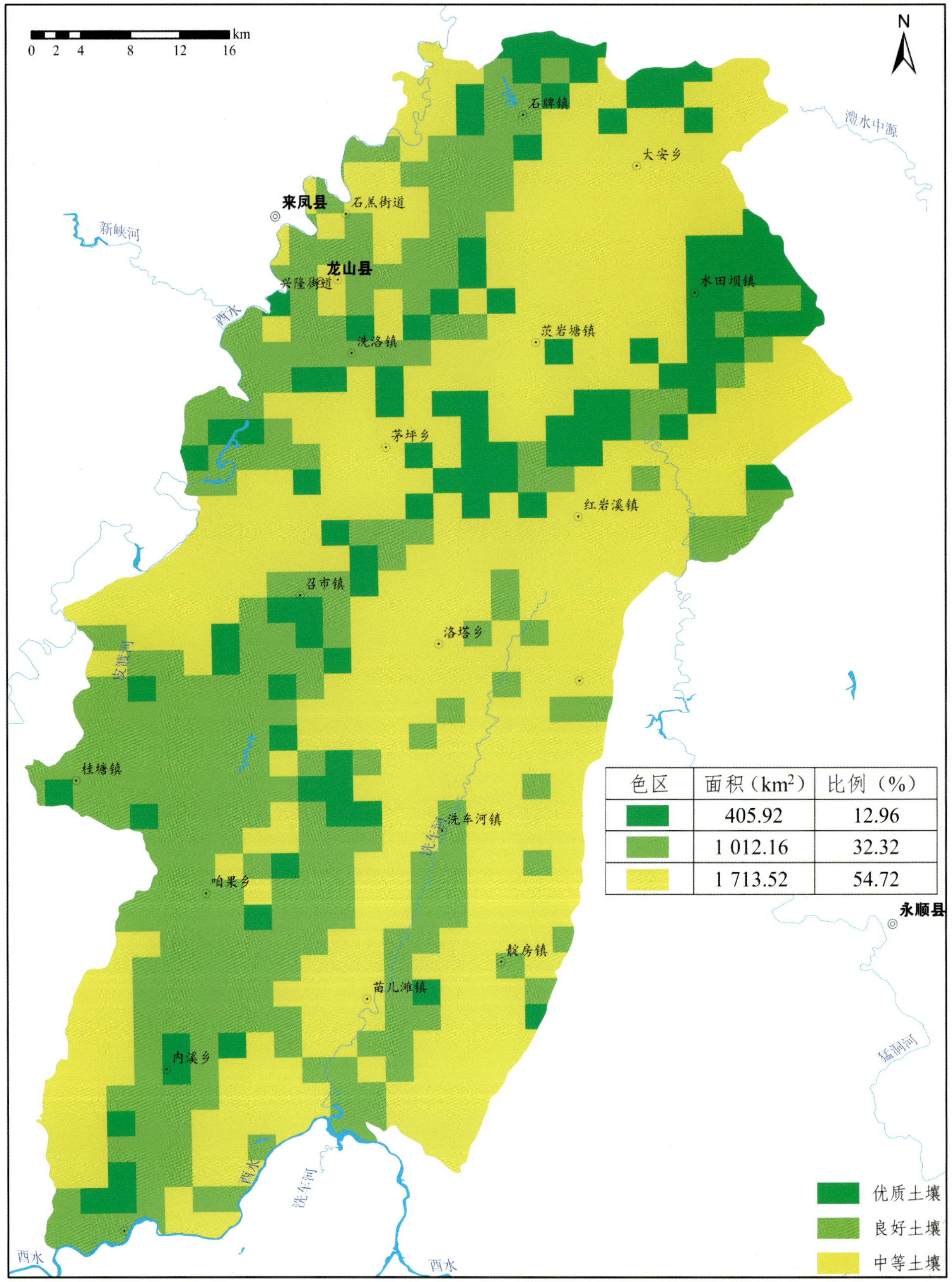

龙山县：优质土壤、良好土壤、中等土壤

湘西片区土地质量地球化学综合等级划分主要考虑了土壤地球化学元素的含量、分布特征以及对植被、农作物生长等的影响，以评价土地的综合质量。这种划分通常包括以下几个步骤：

①野外调查：首先进行湘西片区的野外调查，包括采集土壤样品和植被样品，并记录土地利用、地形地貌等基本信息。

②实验室分析：对采集的土壤样品进行实验室分析，测定土壤中各种元素的含量，特别是对于影响植被生长和农作物产量的关键元素，如氮、磷、钾等，进行详细分析。

③数据处理和分级：根据实验室分析的结果，结合野外调查资料，运用土地统计学和GIS技术，对湘西片区的土地质量进行综合评价和等级划分。通常将土地划分为几个等级，如优质土地、良好土地、中等土地、较差土地和恶劣土地等。

④编制土地质量地球化学综合等级图：根据评价结果，制作湘西片区土地质量地球化学综合等级图，清晰展示各个等级土地的分布情况和特征。

⑤制定土地保护和利用措施：根据土地质量等级划分结果，制定相应的土地保护和合理利用措施，保障土地资源的可持续利用，促进农业生产和生态环境的改善。

通过土地质量地球化学综合等级划分，可以为湘西片区的土地资源管理、保护和合理利用提供科学依据，有助于推动该地区的可持续发展。

图件数据来源于南方重点生态区生态修复支撑调查工程下属三级项目——湘西片区土地质量地球化学调查，根据表层土壤分析数据结果，采用幂指数加权法对数据进行网格化处理，按照不同含量色阶勾绘成图。图件编制采用CGCS2000坐标系、高斯-克吕格（6分带）投影，中央经线为东经111°。

土壤质量地球化学综合等级由评价单元的土壤养分地球化学综合等级与土壤环境地球化学等级叠加产生，参照表1，评价划分各个评价单元土壤质量地球化学综合等级。

统计结果显示，龙山县工作区一等（优质）、二等（良好）、三等（中等）、四等（差等）、五等（劣等）土壤的面积分别为405.92km²、1 012.16km²、1 713.52km²、0km²、0km²；占区内土壤总面积的12.96%、32.32%、54.72%、0.00%和0.00%。一等（优质）和二等（良好）土壤主要分布在石牌镇至洗洛镇一带及水田坝镇至咱果乡到里耶镇一带，其他乡镇都是零星分布；没有四等和五等土壤等级分布，这表明龙山县工作区土壤综合等级处于较高水平。凤凰县工作区土壤质量地球化学综合等级统计显示，区内一等（优质）、二等（良好）、三等（中等）、四等（差等）、五等（劣等）土壤的面积分别为455.03km²、0km²、1 526.74km²、61.70km²、0km²；占区内土壤总面积的22.27%、0%、74.71%、3.02%和0.00%。一等（优质）土壤主要分布在山江镇—千工坪镇—廖家桥镇一带、沱江镇—木江坪镇及阿拉营一带，三等（中等）土壤面积分布最广，在各个乡镇都有分布。凤凰县工作区没有二等和五等土壤等级分布，这表明工作区土壤综合等级处于中等水平以上。

表1 土壤质量地球化学综合等级划分

等级	土壤环境地球化学风险等级		
	一等（无风险）	二等（风险可控）	三等（风险较高）
土壤养分地球化学综合等级 一等（丰富）	一等	三等	五等
二等（较丰富）	一等	三等	五等
三等（中等）	二等	三等	五等
四等（较缺乏）	三等	三等	五等
五等（缺乏）	四等	四等	五等

一等（优质）：土壤无污染风险，土壤养分丰富至较丰富。

二等（良好）：土壤无污染风险，土壤养分为中等。

三等（中等）：土壤无污染风险，土壤养分较缺乏或土壤污染风险可控，土壤养分为丰富至较缺乏。

四等（差等）：土壤无污染风险或污染风险可控，土壤养分缺乏。

五等（劣等）：土壤环境污染风险较高，土壤养分丰富至缺乏。

洞庭湖农耕区（岳阳市）表层土壤镉、铬元素地球化学图

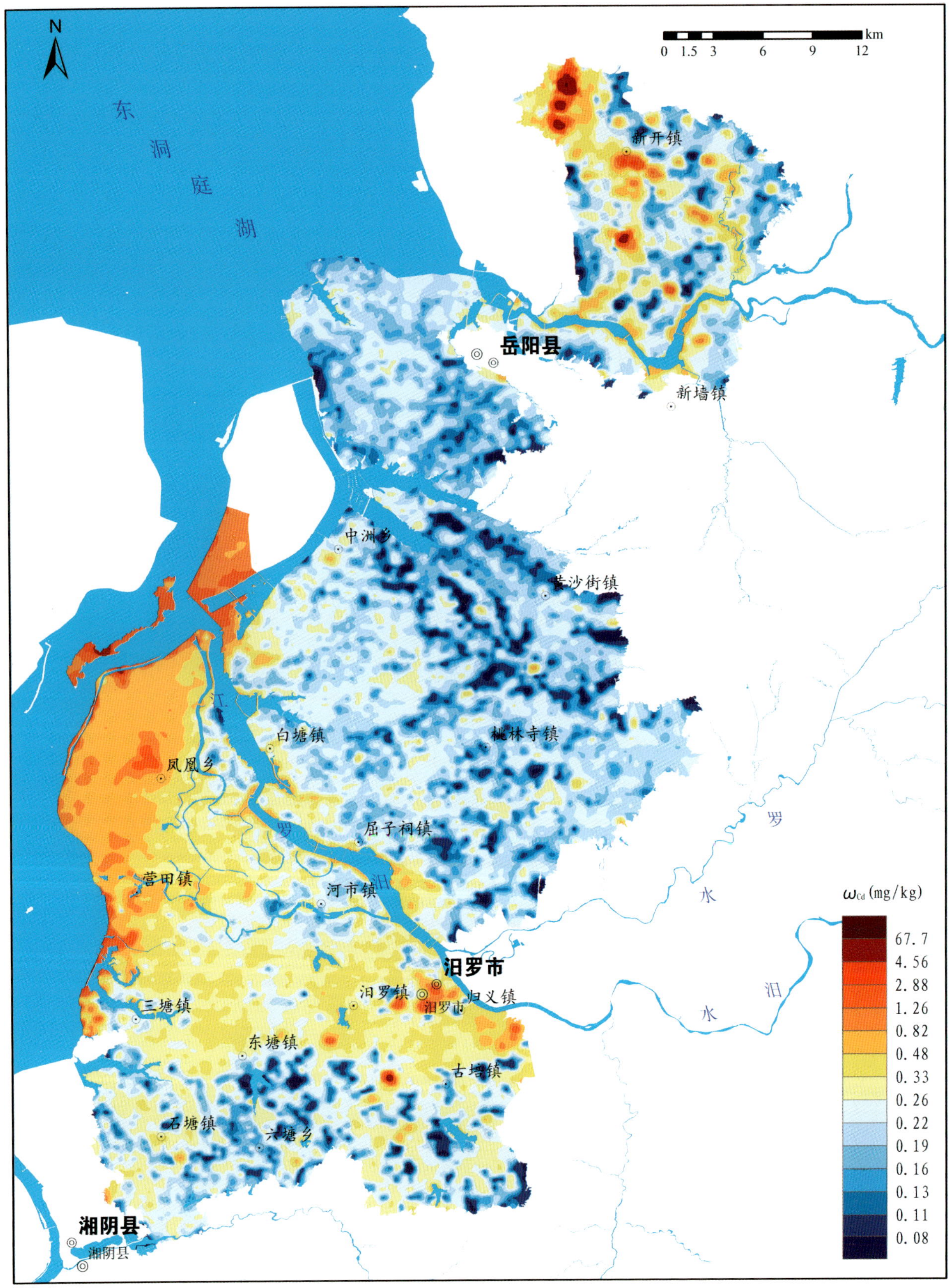

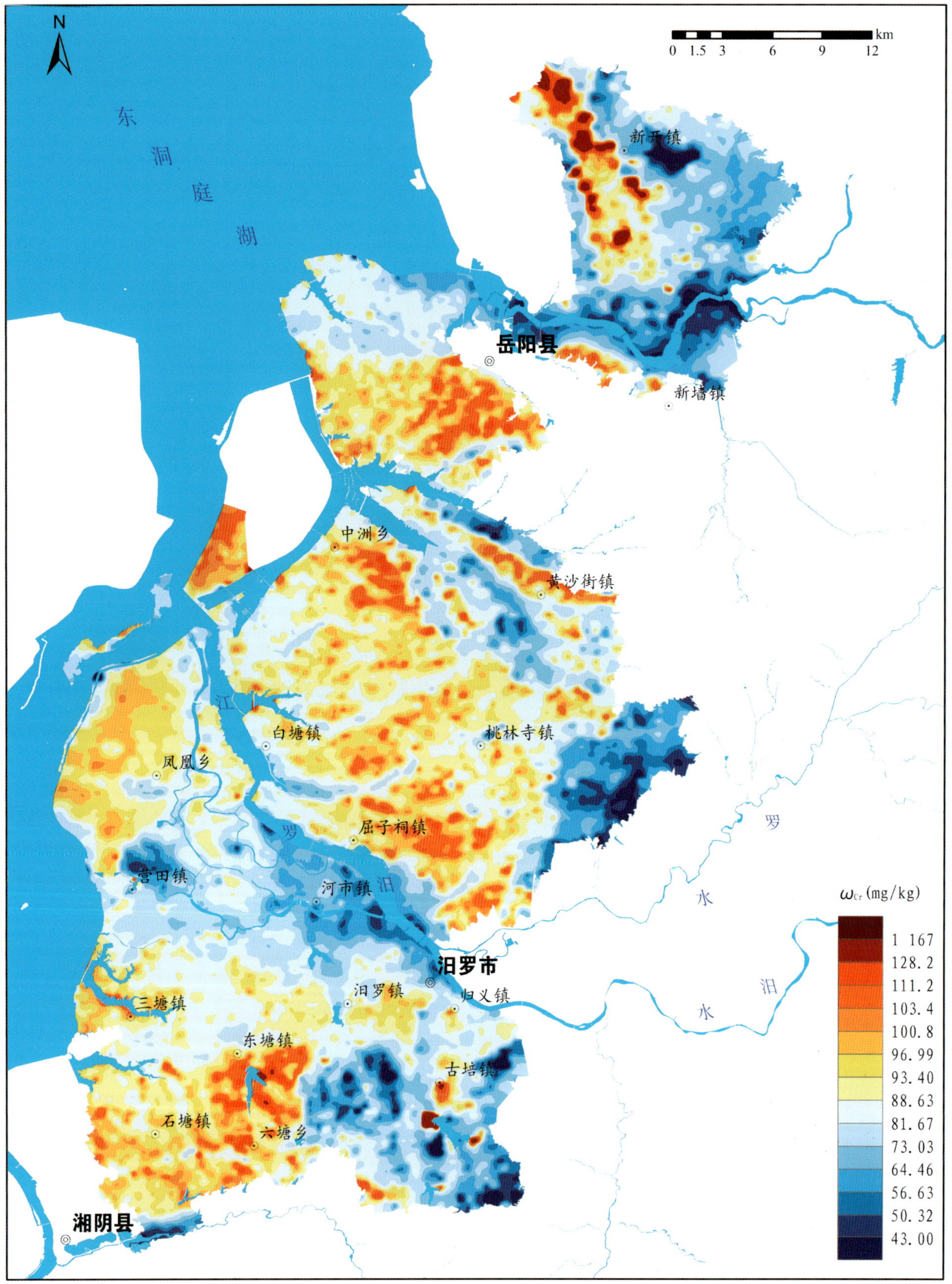

图件数据来源于南方重点生态区生态保护修复支撑调查工程下属三级项目——岳阳市耕地区土地质量地球化学调查项目表层土壤数据，采用幂指数加权法对数据进行网格化处理，按照不同含量色阶勾绘成图。数据网格化参数：网格间距为250m×250m的数据原始网度，搜索半径为1 100m，指数因子为2。元素以累计频率0.5%、1.5%、4%、8%、15%、25%、40%、60%、75%、85%、92%、96%、98.5%、99.5%、100%相对应的15级含量勾绘等值线图及色阶，等值线色与面色一致，不标注等量线值。

岳阳市耕地区表层土壤Cd元素含量变化范围为0.01～0.49mg/kg，平均值为0.22mg/kg，变异系数为0.41（表1），低于湖南省土壤背景值（0.365mg/kg），高于全国A层土壤背景值（0.10mg/kg）。参考《土壤环境质量 农用地土壤污染风险管控标准（试行）》（GB 15618—2018）中农用地土壤污染风险筛选值和管控值对Cd元素进行分级评价，从结果来看，全区表层土壤中Cd元素评价等级以无风险和风险可控为主，面积分别为953.55km²和237.83km²，占调查区总面积的79.79%和19.90%，其环境地球化学等级面积统计结果见图1。

表1　岳阳市耕地区土壤Cd、Cr地球化学统计参数与背景值

元素/指标	样点数量（件）	算数平均值	中位数	标准离差	变异系数	最大值（10⁻⁶）	最小值（10⁻⁶）	全国土壤背景值（10⁻⁶）	相对全国富集系数 K_1	洞庭-江汉平原土壤背景值（10⁻⁶）	相对洞庭-江汉富集系数 K_2
Cd	8557	0.22	0.23	0.09	0.41	67.73	0.08	0.21	1.10	0.28	0.82
Cr	9272	84.31	86.5	15.44	0.18	1167	43.00	66.00	1.31	82.89	1.04

注：最大值、最小值均为剔除异常值前实测值，其他数据为剔除异常值后统计结果。全国土壤背景值引自《中国土壤地球化学参数》（侯青叶等，2020），为剔除异常后的全国表层土壤算术平均值；洞庭-江汉平原土壤值引自《洞庭湖-江汉平原土地质量地球化学评估报告》（自曾春芳等，2009），为多目标表层土壤的平均值。

总体来看，调查区Cd含量呈现西部和北部高、中间低的特征，主要受人类活动影响，北部新开镇主要由于早年矿山开采造成环境破坏；西部一带主要由于湘江上游矿山开采沿江带入导致；南部主要分布汨罗市城区周边，与人类活动相关。低值区主要在中部地区与岳阳县区域西南至汨罗市研究区东北部。

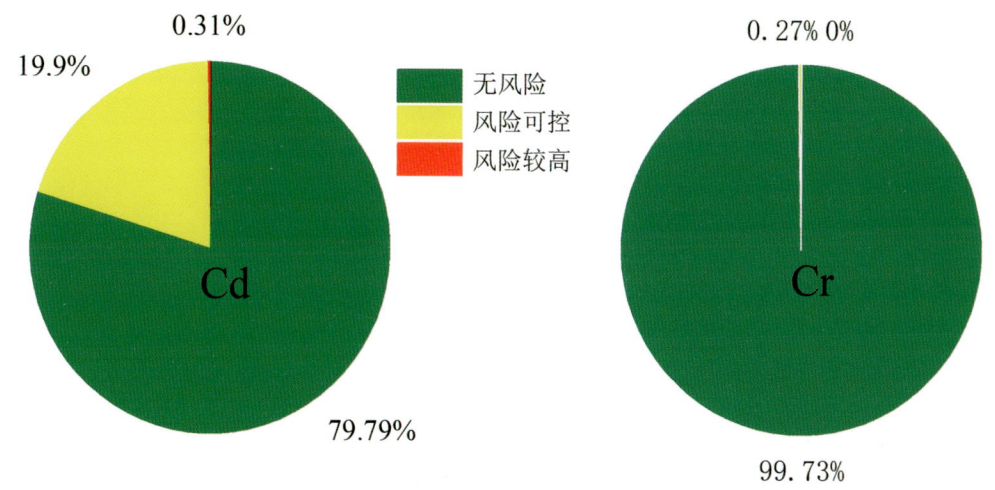

图1　岳阳市耕地区土壤Cd、Cr环境地球化学等级面积统计饼图

岳阳市耕地区表层土壤Cr含量变化范围含量为38～130mg/kg，平均值为84.31mg/kg，变异系数为0.18（表1），高于湖南省土壤背景值（79mg/kg）与全国A层土壤背景值（61.00mg/kg）。参考《土壤环境质量 农用地土壤污染风险管控标准（试行）》（GB 15618—2018）中农用地土壤污染风险筛选值和管控值对Cr元素进行分级评价，从结果来看，全区表层土壤中Cr元素评价等级以无风险为主，面积为1 191.85km²，占调查区总面积的99.73%；南部和北部存在小部分区域评价等级为风险可控，面积为3.24km²，占调查区总面积的0.27%，其环境地球化学等级面积统计结果见图1。

调查区Cr含量呈现中部高、南北低的特征，主要受地质背景影响，高值区主要集中在中部汨罗市区域东北部，岳阳县区域西北部有少量；低值区主要位于岳阳县区域东南部新墙镇、汨罗市区域东部桃林寺镇和南部古培镇。

洞庭湖农耕区（岳阳市）表层土壤铜、汞元素地球化学图

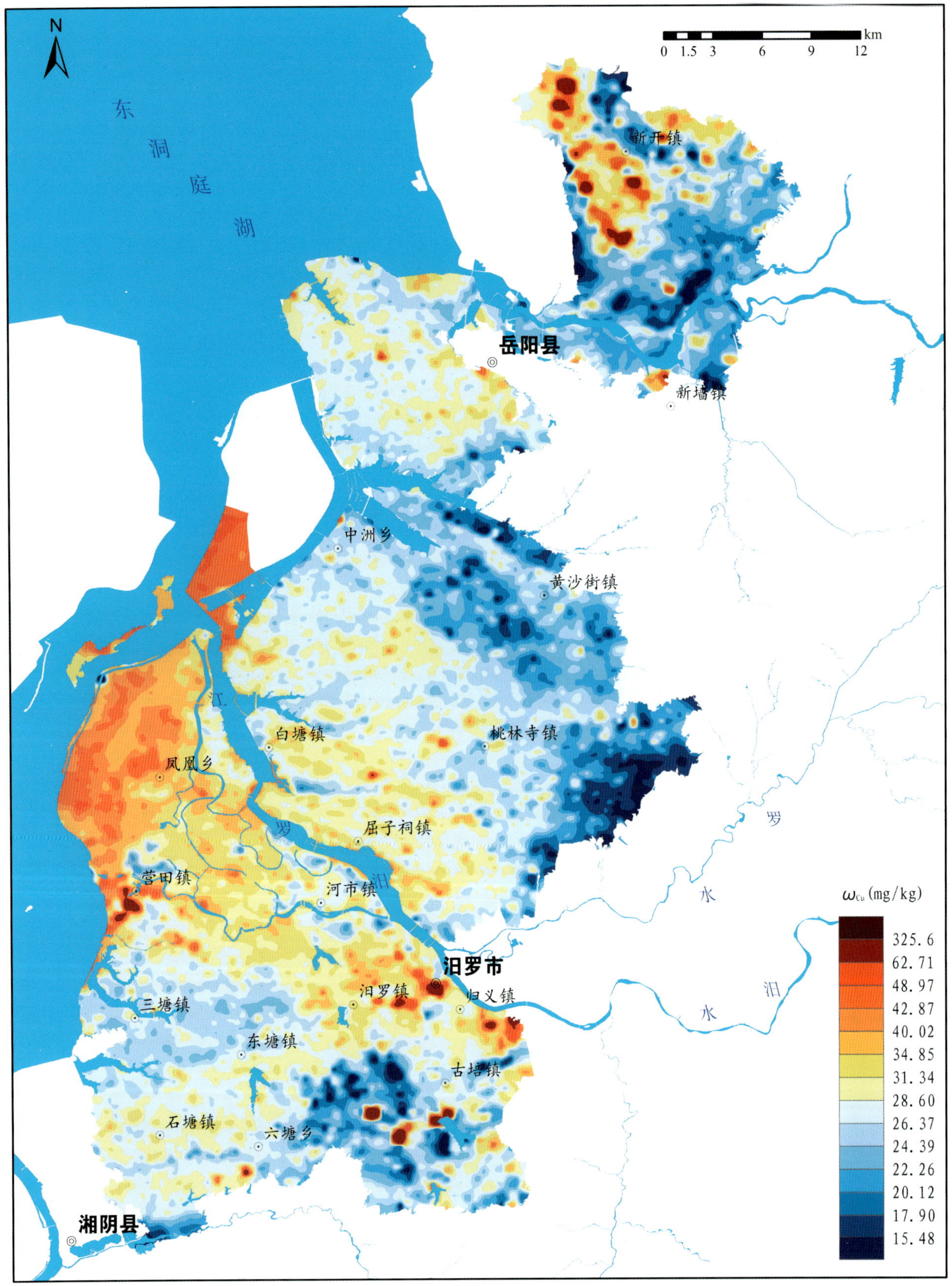

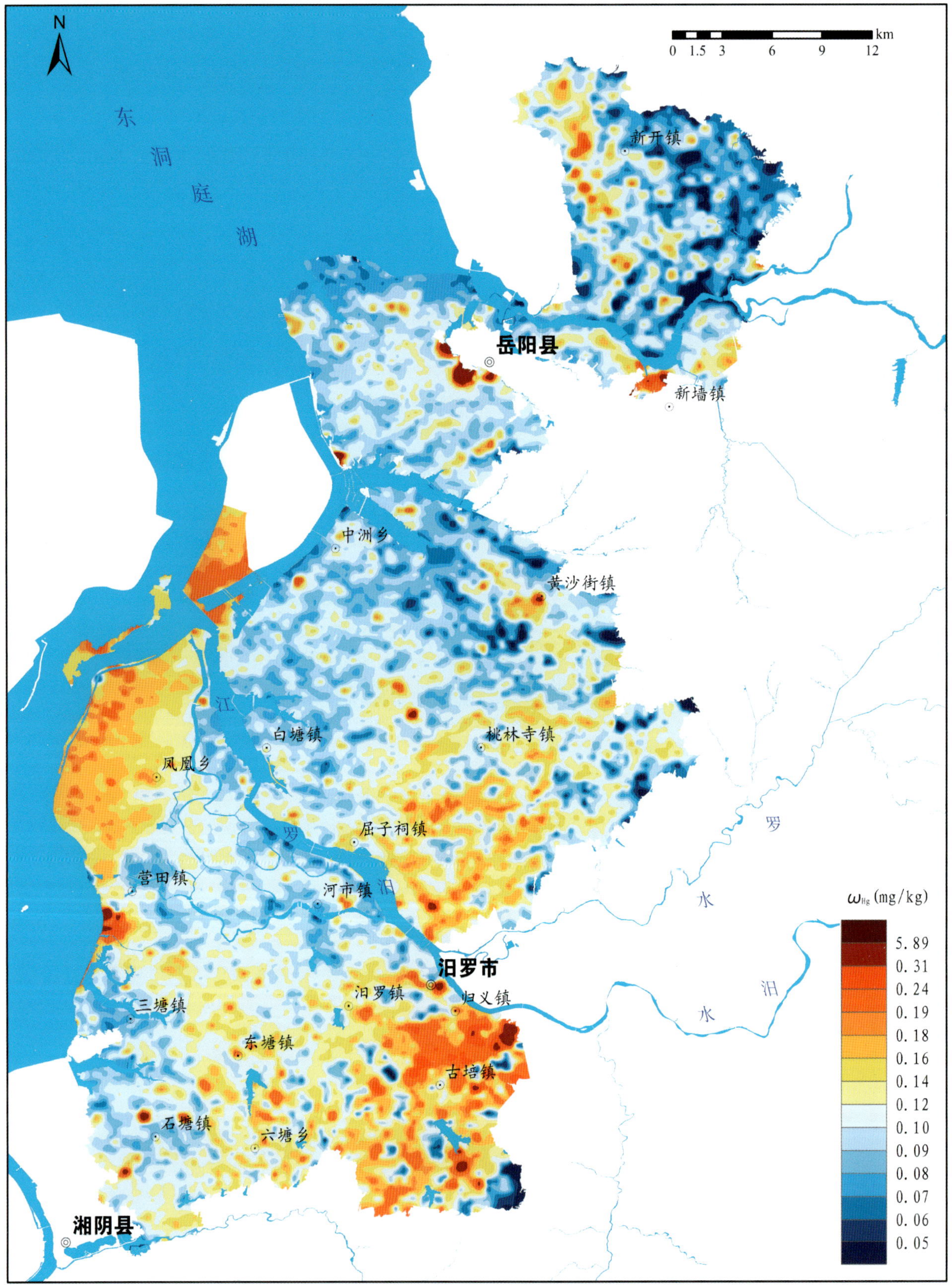

图件数据来源于南方重点生态区生态保护修复支撑调查工程下属三级项目——岳阳市耕地区土地质量地球化学调查项目表层土壤数据，采用幂指数加权法对数据进行网格化，按照不同含量色区勾绘成图。数据网格化参数：网格间距为 250m×250m 的数据原始网度，搜索半径为 1100m，指数因子为 2。元素以累计频率 0.5%、1.5%、4%、8%、15%、25%、40%、60%、75%、85%、92%、96%、98.5%、99.5%、100% 相对应的 15 级含量勾绘等值线图及色阶等值线色与面色一致，不标注等量线值。

岳阳市耕地区表层土壤 Cu 的平均含量为 27.43mg/kg（剔除异常值后），变化范围为 5.48～325.6mg/kg，变异系数为 0.21（表 1），低于湖南省土壤背景值相比（32mg/kg），同时高于全国 A 层土壤背景值（25.00mg/kg）。

表 1　岳阳市耕地区土壤 Cu、Hg 地球化学统计参数与背景值

元素/指标	样点数量（件）	算数平均值	中位数	标准离差	变异系数	最大值（10^{-6}）	最小值（10^{-6}）	全国土壤背景值（10^{-6}）	相对全国富集系数 K_1	洞庭-江汉平原土壤背景值（10^{-6}）	相对洞庭-江汉富集系数 K_2
Cu	9108	27.43	27.00	5.83	0.21	325.6	15.48	25.00	1.08	29.74	0.91
Hg	9 203	0.11	0.11	0.04	0.36	5.89	0.05	0.08	1.38	0.08	1.38

注：最大值、最小值均为剔除异常值前实测值，其他数据为剔除异常值后统计结果。全国土壤背景值引自《中国土壤地球化学参数》（侯青叶等，2020），为剔除异常后的全国表层土壤算术平均值；洞庭-江汉平原土壤值引自《洞庭湖-江汉平原土地质量地球化学评估报告》（曾春芳等，2009），为多目标表层土壤的平均值。

参考《土壤环境质量　农用地土壤污染风险管控标准（试行）》（GB 15618—2018）中农用地土壤污染风险筛选值和管控值对铜元素进行分级评价，从结果来看，全区表层土壤中铜元素评价等级以无风险为主，面积为 1 182.91km²，占调查区总面积的 98.98%；部分区域评价等级为风险可控，在南部和北部零星分布，面积为 12.18km²，占调查区总面积的 1.02%。其环境地球化学等级面积统计结果见图 1。

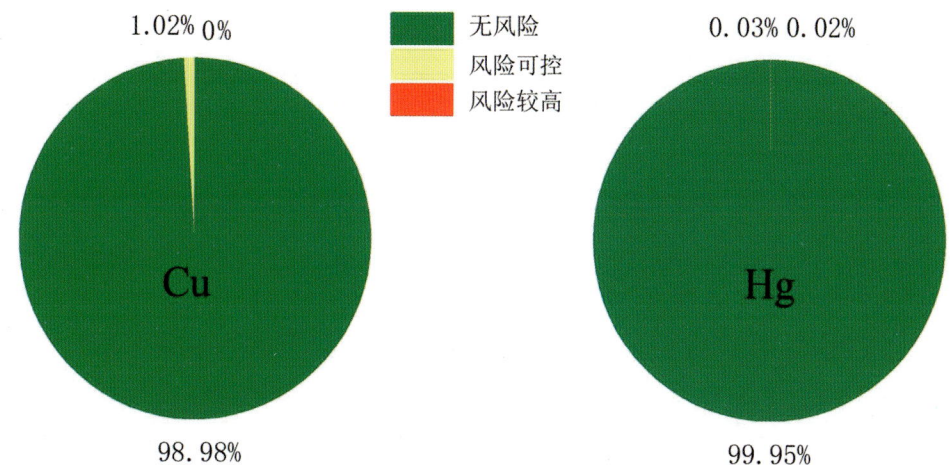

图 1　岳阳市耕地区土壤 Cu、Hg 环境地球化学等级面积统计饼图

岳阳市耕地区表层土壤 Cu 空间分布特征表现为中部高、东北低。岳阳县研究区总体含量较低，北部少量高值区；汨罗市研究区表现为西部高东北部低的特征；湘阴县研究区表现为总体含量较低的特征。

岳阳市耕地区表层土壤 Hg 含量变化范围为 0.05～5.89mgkg，平均值为 0.11mg/kg（剔除异常值后），变异系数为 0.36（表 1），与湖南省土壤背景值（0.118mg/kg）相当，高于全国 A 层土壤背景值（0.07mg/kg）。

参考《土壤环境质量　农用地土壤污染风险管控标准（试行）》（GB 15618—2018）中农用地土壤污染风险筛选值和管控值对汞元素进行分级评价，从结果来看，全区表层土壤中汞元素评价等级以无风险为主，面积为 1 194.52km²，占调查区总面积的 99.95%；小部分区域评价等级为风险可控和风险较高，面积分别为 0.35km² 和 0.24km²，分别占调查区总面积的 0.03% 和 0.02%。其环境地球化学等级面积统计结果见图 1。

调查区 Hg 含量呈现南部高、北部低的特征，高值区主要位于汨罗市研究区东南部古培镇一带，低值区主要位于岳阳县研究区大部分区域。

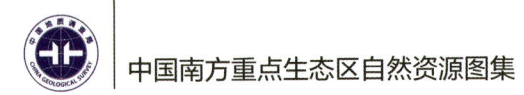

洞庭湖农耕区（岳阳市）表层土壤镍、铅元素地球化学图

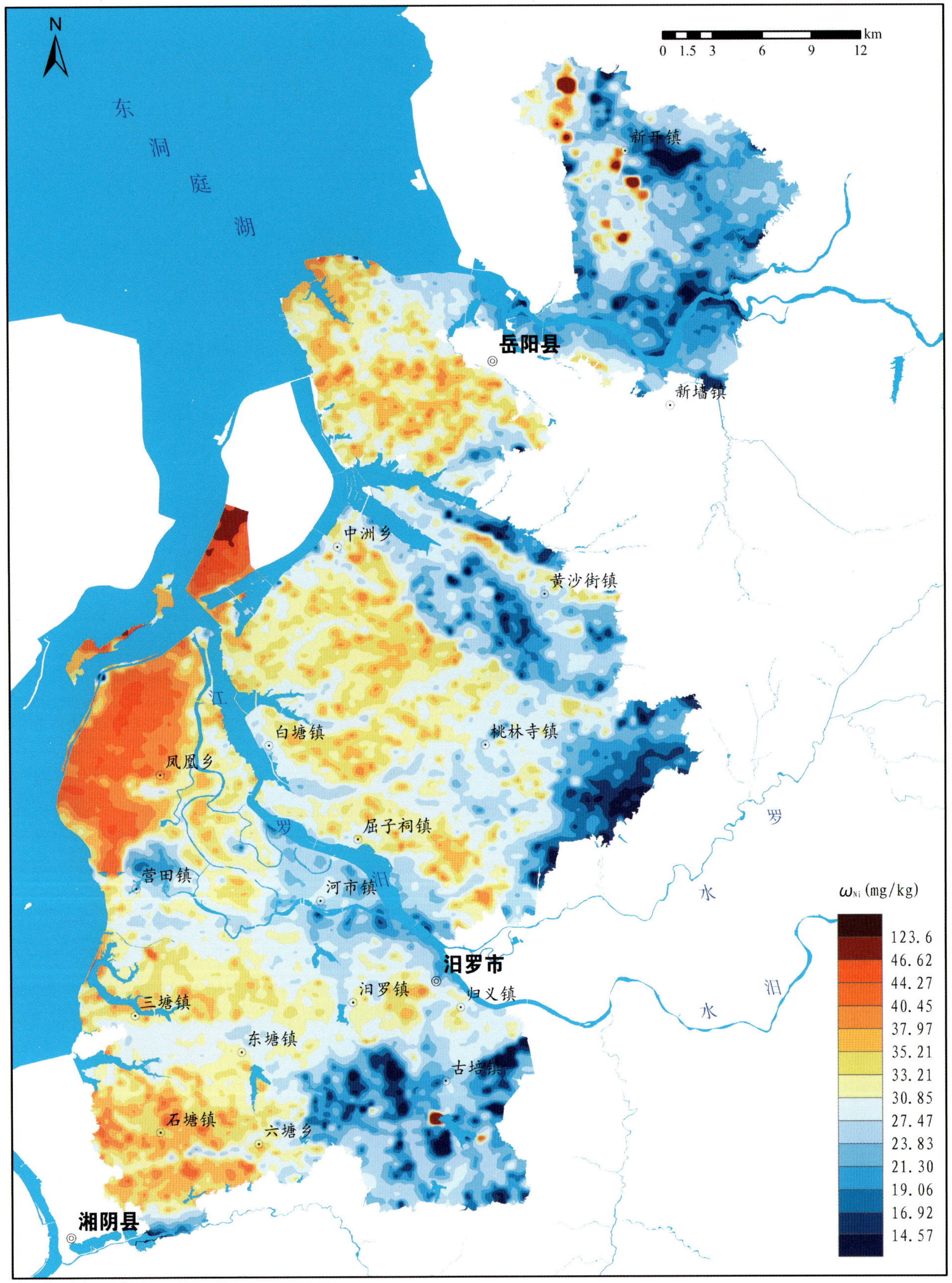

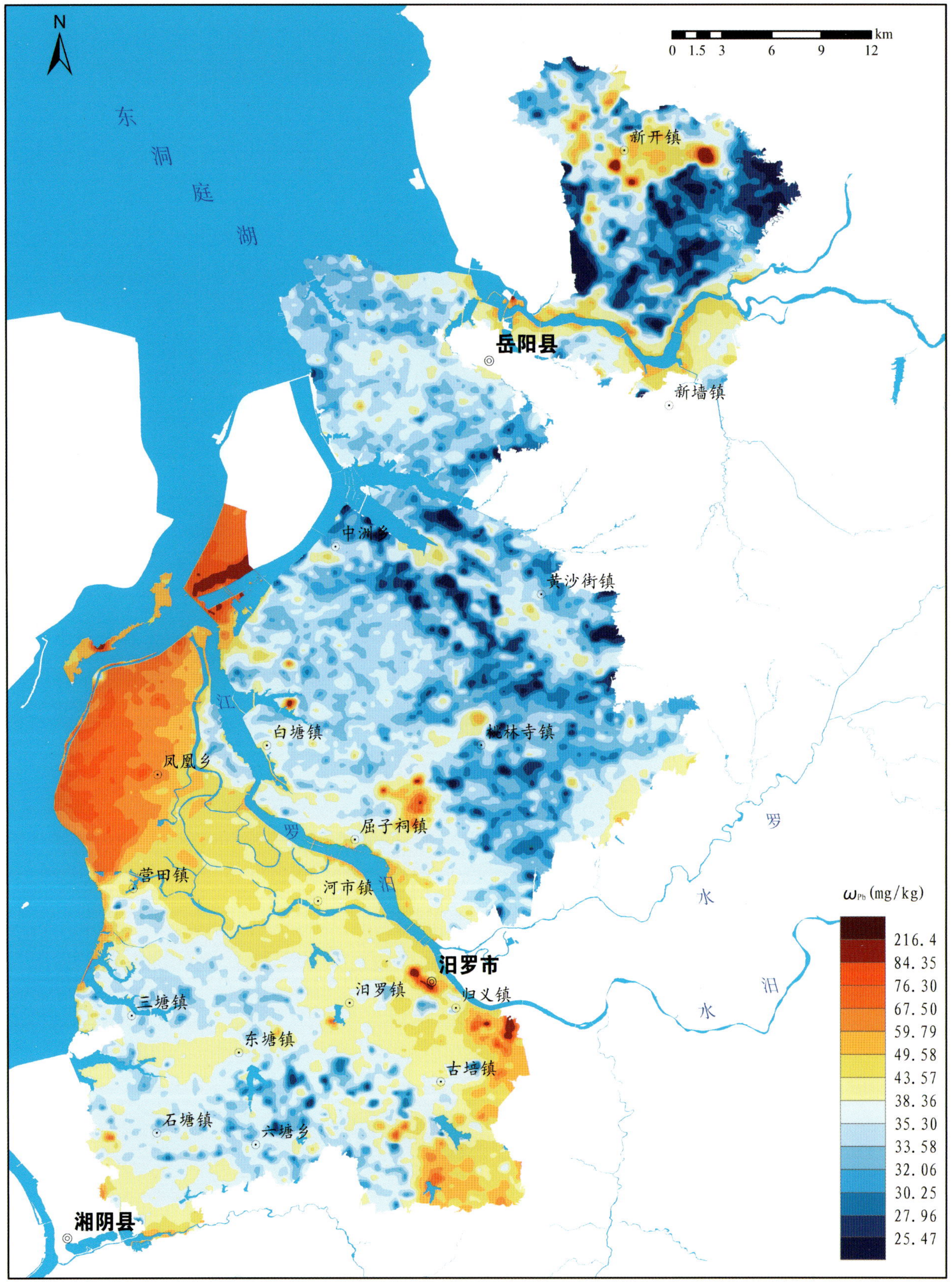

图件数据来源于南方重点生态区生态保护修复支撑调查工程下属三级项目——岳阳市耕地区土地质量地球化学调查项目表层土壤数据，采用幂指数加权法对数据进行网格化处理，按照不同含量色阶勾绘成图。数据网格化参数：网格间距为250m×250m的数据原始网度，搜索半径为1100m，指数因子为2。元素以累计频率0.5%、1.5%、4%、8%、15%、25%、40%、60%、75%、85%、92%、96%、98.5%、99.5%、100%相对应的15,级含量勾绘等值线图及色阶等值线色与面色一致，不标注等量线值。

岳阳市耕地区表层土壤Ni元素含量较高，变化范围为14.57～123.64mg/kg，平均值为2934mg/kg（剔除异常值后），变异系数为0.24（表1），与湖南省土壤背景值（30mg/kg）相当，高于全国A层土壤背景值（27.00mg/kg）。

表1　岳阳市耕地区土壤Ni、Pb地球化学统计参数与背景值

元素/指标	样点数量（件）	算数平均值	中位数	标准离差	变异系数	最大值（10^{-6}）	最小值（10^{-6}）	全国土壤背景值（10^{-6}）	相对全国富集系数K_1	洞庭-江汉平原土壤背景值（10^{-6}）	相对洞庭-江汉富集系数K_2
Ni	9391	29.34	29.70	7.00	0.24	123.64	14.57	27.00	1.10	32.91	0.90
Pb	8484	36.27	35.60	5.60	0.15	216.40	25.47	30.00	1.19	30.45	1.17

注：最大值、最小值均为剔除异常值前实测值，其他数据为剔除异常值后统计结果。全国土壤背景值引自《中国土壤地球化学参数》（侯青叶等，2020），为剔除异常后的全国表层土壤算术平均值；洞庭-江汉平原土壤值引自《洞庭湖-江汉平原土地质量地球化学评估报告》（曾春芳等，2009），为多目标表层土壤的平均值。

参考《土壤环境质量 农用地土壤污染风险管控标准（试行）》（GB 15618—2018）中农用地土壤污染风险筛选值和管控值对镍元素进行分级评价，从结果来看，全区表层土壤中镍元素评价等级以无风险为主，面积为1 194.35km²，占调查区总面积的99.94%；小部分区域评价等级为风险可控，面积为0.75km²，占调查区总面积的0.06%，其环境地球化学等级面积统计结果见图1。

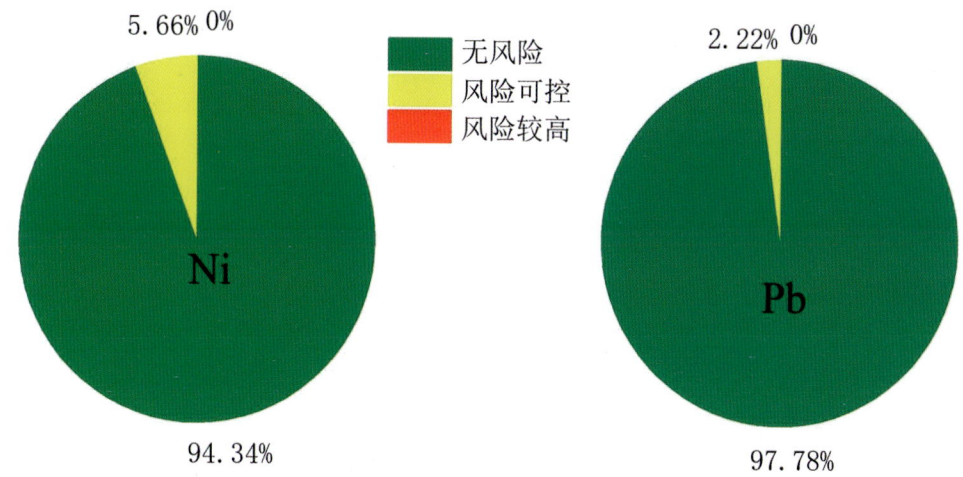

图1　岳阳市耕地区土壤Ni、Pb环境地球化学等级面积统计饼图

调查区含量主要呈现西高东低的特征，高值区主要位于西部汨罗市研究区凤凰乡，此处靠近湘江。调查区东部总体呈现含量较低的特点低值区主要位于岳阳县研究区东北新开镇、汨罗市研究区桃林寺镇和南部古培镇。

岳阳市耕地区表层土壤铅元素含量变化范围为25.47～216.4mg/kg，平均值为36.27mg/kg（剔除异常值后），变异系数为0.15（表1），与湖南省土壤背景值相比（39mg/kg）接近，高于全国A层土壤背景值（26.00mg/kg）。

参考《土壤环境质量 农用地土壤污染风险管控标准（试行）》（GB 15618—2018）中农用地土壤污染风险筛选值和管控值对铅元素进行分级评价，从结果来看，全区表层土壤中铅元素评价等级以无风险为主，面积为1168.59km²，占调查区总面积的97.78%；部分区域评价等级为风险可控，主要分布于东部，面积为26.48km²，占调查区总面积的2.22%，其环境地球化学等级面积统计结果见图1。

调查区铅含量呈现西南高、东北低的特征，高值区主要集中在汨罗市研究区西南沿汨罗江一带至东南古培镇，低值区主要位于中部岳阳县研究区和汨罗市研究区交界处一带。

洞庭湖农耕区（岳阳市）表层土壤砷、锌元素地球化学图

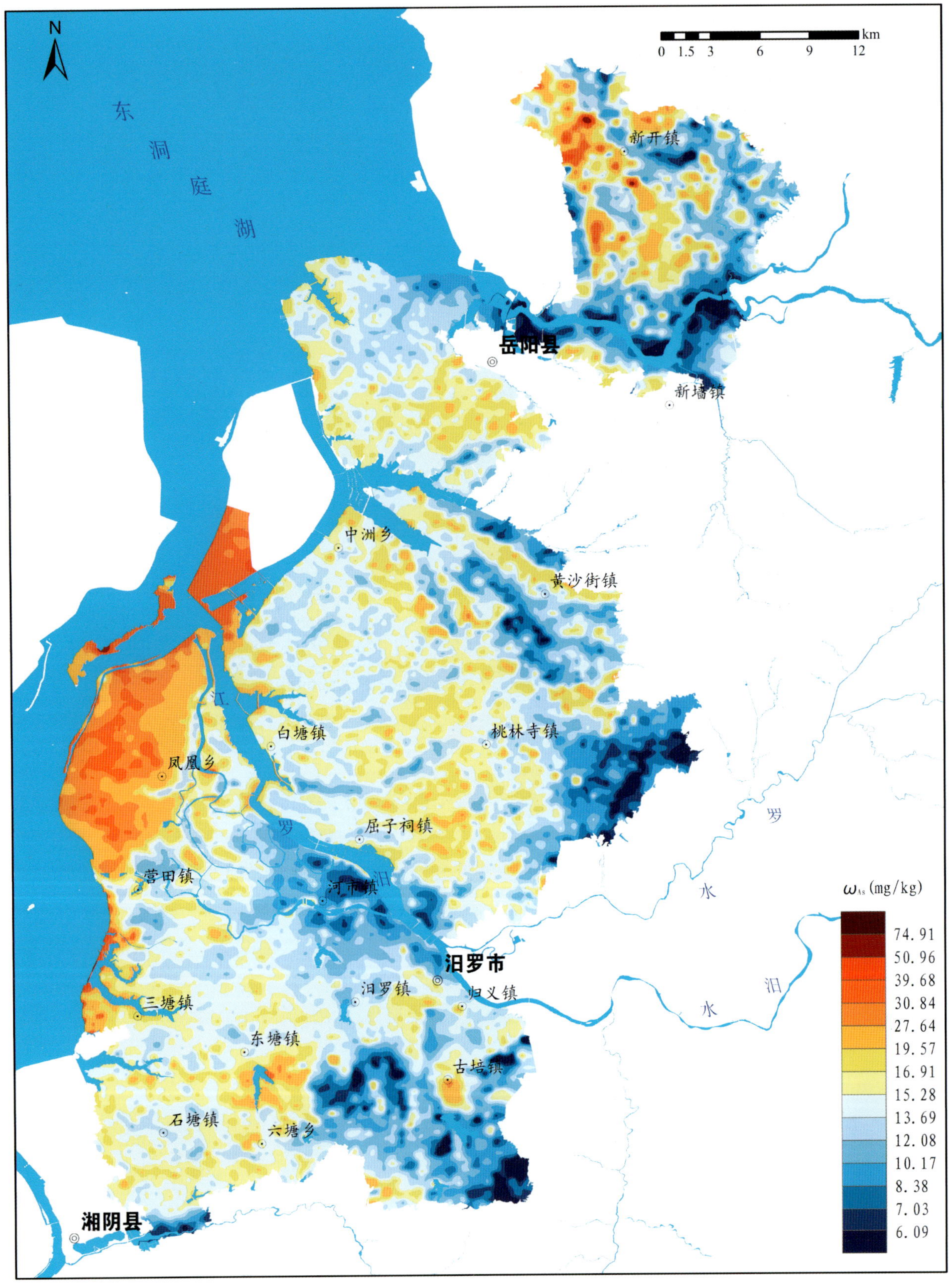

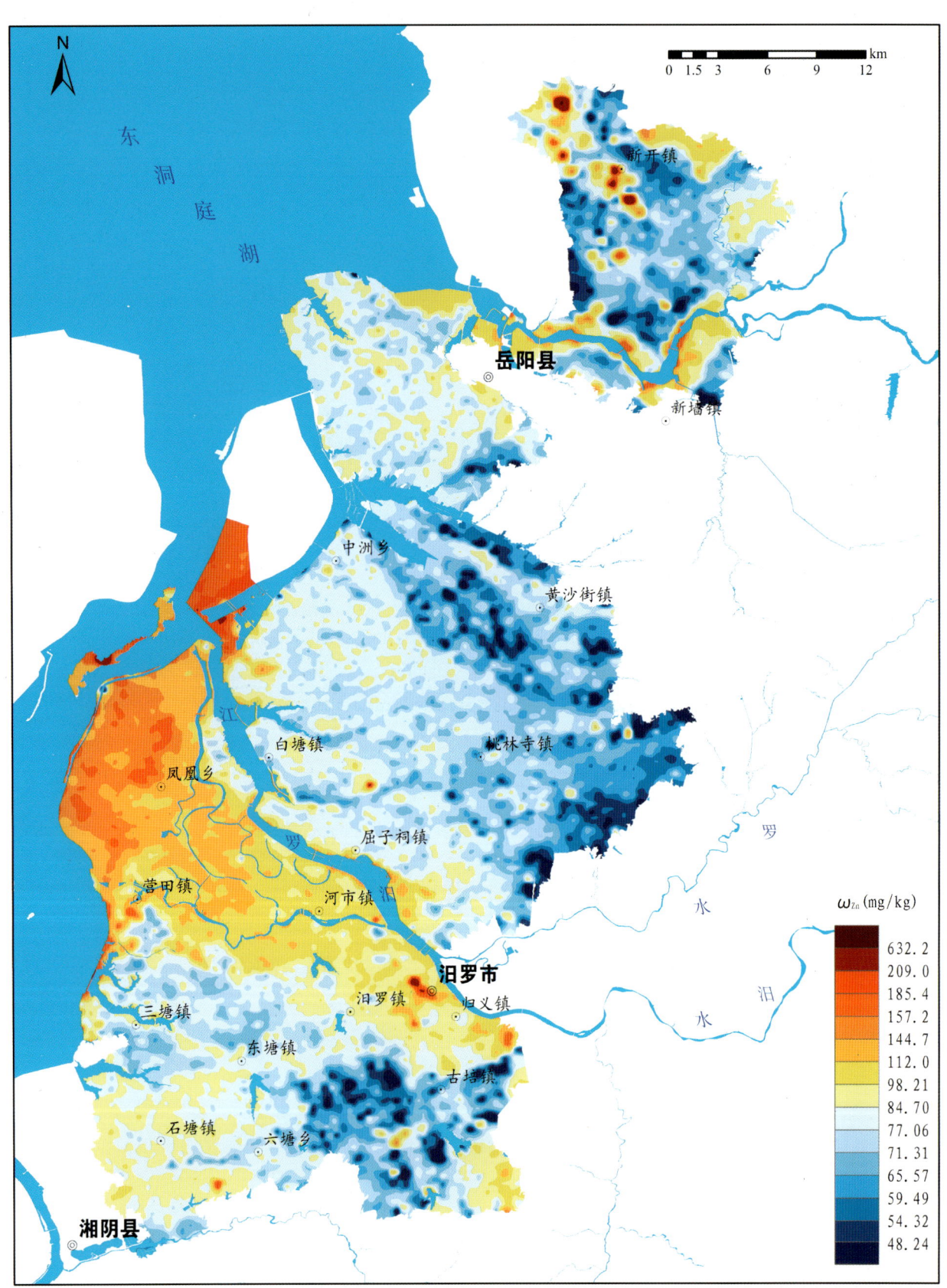

图件数据来源于南方重点生态区生态保护修复支撑调查工程下属三级项目——岳阳市耕地区土地质量地球化学调查项目表层土壤数据，采用幂指数加权法对数据进行网格化处理，按照不同含量色阶勾绘成图。数据网格化参数：网格间距为 250m×250m 的数据原始网度，搜索半径为 1100m，指数因子为 2。元素以累计频率 0.5%、1.5%、4%、8%、15%、25%、40%、60%、75%、85%、92%、96%、98.5%、99.5%、100% 相对应的 15 级含量勾绘等值线图及色阶等值线色与面色一致，不标注等量线值。

岳阳市耕地区表层土壤 As 元素含量变化范围为 6.09～74.91mgkg，平均值 13.63mgkg（剔除异常值后），变异系数为 0.29（表 1），与湖南省土壤背景值（13.1mgkg）相当，高于全国 A 层土壤背景值（11.20mgkg）。

表 1　岳阳市耕地区土壤 As、Zn 地球化学统计参数与背景值

元素/指标	样点数量（件）	算数平均值	中位数	标准离差	变异系数	最大值（10^{-6}）	最小值（10^{-6}）	全国土壤背景值（10^{-6}）	相对全国富集系数 K_1	洞庭－江汉平原土壤背景值（10^{-6}）	相对洞庭－江汉富集系数 K_2
As	8766	13.63	13.61	3.99	0.29	74.91	6.09	10.30	1.32	11.67	1.17
Zn	8726	79.96	77.40	18.06	0.23	632.2	48.24	71.00	1.09		

注：最大值、最小值均为剔除异常值前实测值，其他数据为剔除异常值后统计结果。全国土壤背景值引自《中国土壤地球化学参数》（侯青叶等，2020），为剔除异常后的全国表层土壤算术平均值；洞庭－江汉平原土壤值引自《洞庭湖－江汉平原土地质量地球化学评估报告》（曾春芳等，2009），为多目标表层土壤的平均值。

参考《土壤环境质量　农用地土壤污染风险管控标准（试行）》（GB 15618—2018）中农用地土壤污染风险筛选值和管控值对砷元素进行分级评价，从结果来看，全区表层土壤中砷元素评价等级以无风险和风险可控为主，面积分别为 1 173.04km² 和 20.07km²，占调查区总面积的 98.15% 和 1.85%，其环境地球化学等级面积统计结果见图 1。

总体上研究区 As 含量不高，存在少量高值区，且位于新开镇北部。在岳阳县研究区东部新开镇—新墙镇一带 As 含量较低，存在低值区，汨罗市研究区东部桃林寺镇及南部古培镇存在低值区。

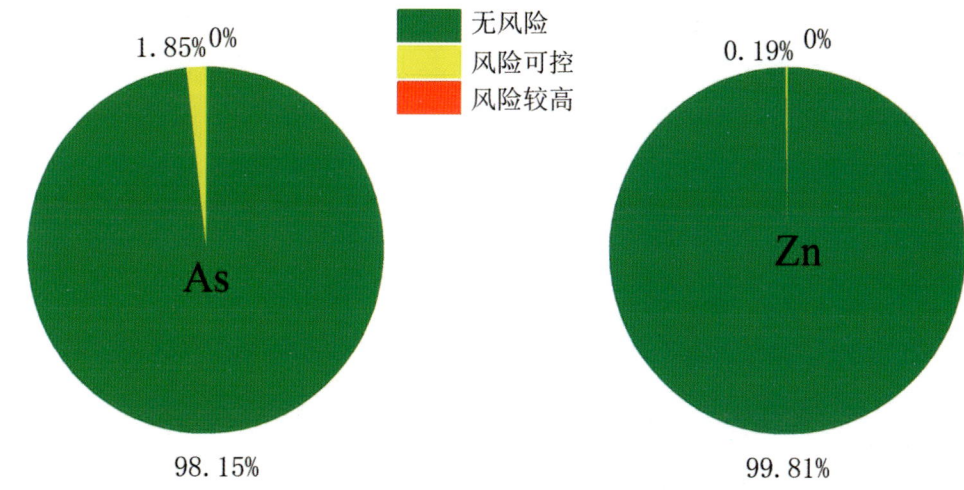

图 1　岳阳市耕地区土壤 As、Zn 环境地球化学等级面积统计饼图

岳阳市耕地区表层土壤 Zn 的平均含量为 79.96mg/kg（剔除异常值后），变化范围为 48.24～632.2mg/kg。变异系数为 0.23（表 1），低于湖南省土壤背景值（91mg/kg），高于全国 A 层土壤背景值（74.20mg/kg）。

参考《土壤环境质量　农用地土壤污染风险管控标准（试行）》（GB 15618—2018）中农用地土壤污染风险筛选值和管控值对锌元素进行分级评价，从结果来看，全区表层土壤中锌元素评价等级以无风险为主，面积为 1 192.81km²，占调查区总面积的 99.81%；小部分区域评价等级为风险可控，面积为 2.29km²，占调查区总面积的 0.19%，其环境地球化学等级面积统计结果见图 1。

岳阳市耕地区表层土壤 Zn 空间分布特征表现为西南高东北低。岳阳县研究区整体含量较低，东北部有少量高值区；汨罗市研究区表现为西南部高、东北部低的特征，高值区在西北部，湘阴县研究区总体含量较低。

南方重点生态区重要流域水环境质量现状评价图

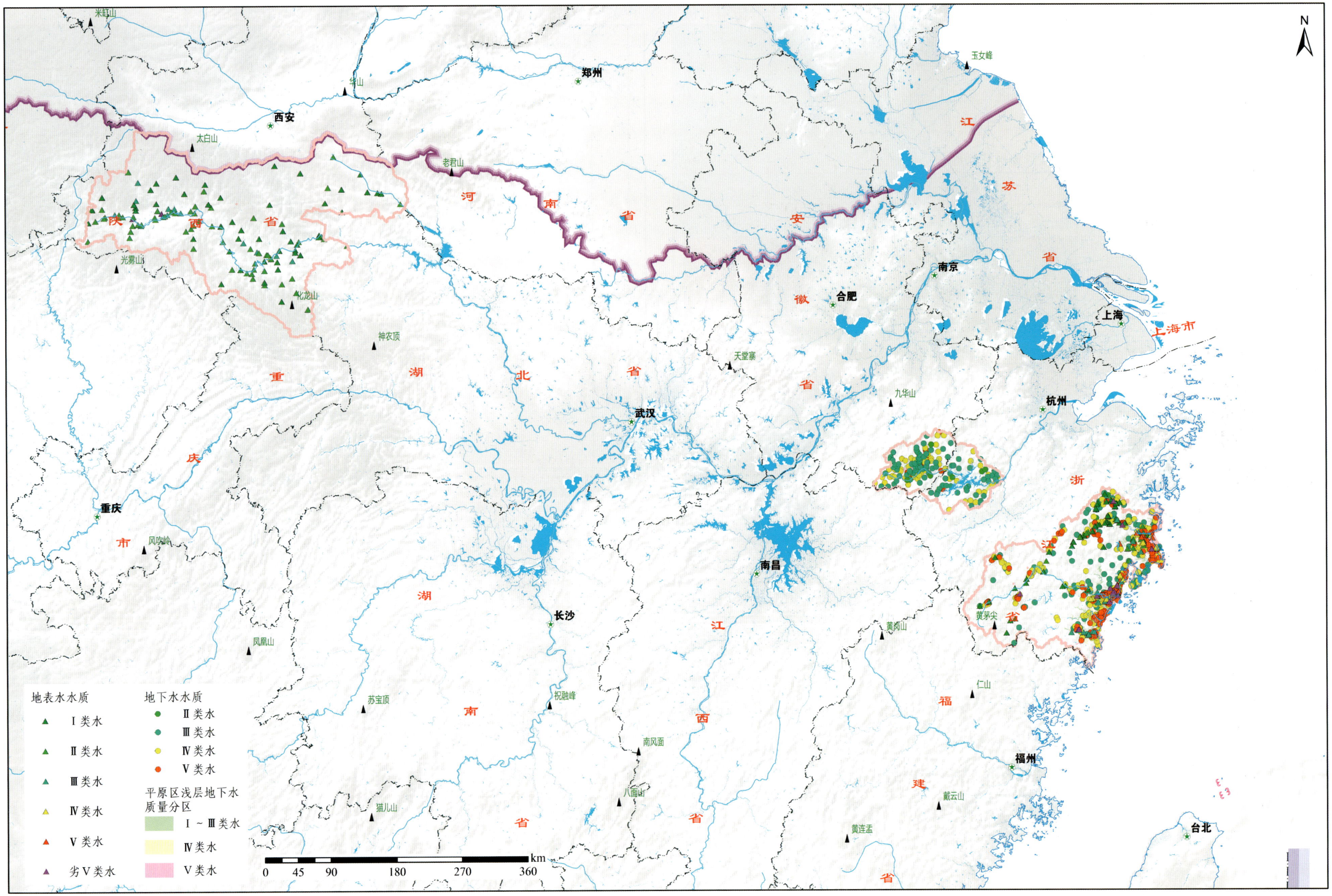

一、浙南诸河流域水质评价

本次评价，项目组共采集了 2021—2023 年工作区 498 组地下水全分析样品和 124 组地表水分析样品。采用单指标评价方法，地下水质量评价依据的标准为《地下水质量标准》(GB/T 14848—2017)，As、Hg、Se、Cu、Zn、Cd、Pb、Al、Mn、Na^+、NH_4^+、F^-、Cl^-、NO_3^-、SO_4^{2-}、NO_2^-、碘化物、TDS、COD_{Mn}、总硬度、Cr^{6+}、pH、总 Fe 等 23 项作为参评指标。地表水质量评价依据的标准为《地表水质量标准》(GB 3838—2002)，其中 pH、耗氧量、NH_4^+、F^-、Cu、Zn、Hg、Cr^{6+}、As、Pb、Cd、Se 等 12 项作为参评指标。

评价结果如下：

灵江流域山丘区地下水无机常规指标超标率大于 10% 的共有 3 项，分别是铁、锰、铝；无机毒理性指标超标率大于 10% 的是碘化物。灵江流域平原盆地区地下水无机常规指标超标率大于 10% 的共有 5 项，分别是钠、耗氧量、氨氮、氯化物、溶解性总固体；无机毒理性指标超标率大于 10% 的共有 3 项，分别是碘化物、亚硝酸盐、砷。

瓯江流域山丘区地下水无机常规指标超标率大于 10% 的共有 5 项，分别是锰、氨氮、pH、耗氧量；无机毒理性指标超标率大于 10% 的是碘化物。瓯江流域平原盆地区地下水无机常规指标超标率大于 10% 的共有 9 项，分别是锰、铁、氨氮、耗氧量、钠、氯化物、溶解性总固体、总硬度、pH；无机毒理性指标超标率大于 10% 的是碘化物。

飞云江-鳌江流域山丘区地下水无机常规指标超标率大于 10% 的共有 5 项，分别是氨氮、pH、铁、锰；无机毒理性指标超标率大于 10% 的是氟化物。飞云江-鳌江流域平原盆地区地下水无机常规指标超标率大于 10% 的共有 10 项，分别是锰、铁、氨氮、耗氧量、钠、氯化物、pH、溶解性总固体、铝、总硬度；无机毒理性指标超标率大于 10% 的是氟化物。

总体来说浙南诸河流域地下水、地表水质量情况为西部山丘区优于东部滨海平原区。

二、新安江流域水质评价

项目组于 2022 年 11—12 月（枯水期）在新安江流域内采集了 162 件地下水化学样品，对 pH、铬（六价）、氨氮（以 N 计）、亚硝酸盐（以 N 计）、氯化物、硫酸盐、氟化物、硝酸盐（以 N 计）、碳酸盐、碳酸氢根、碘化物、硫化物、钙、钾、镁、钠、铝、锰、镍、锌、铜、镉、铅、铁、汞、砷、硒、溶解性总固体、总硬度（以 $CaCO_3$ 计）、耗氧量（以 O_2 计）、挥发性酚类（以苯酚计）、阴离子表面活性剂等共 32 项指标进行了分析测试。

根据《地下水质量标准》(GBT 14848—2017) 中规定的各项指标的限值，对新安江流域枯水期的地下水水质等级进行单因子评价，参评指标不含总大肠菌群。其中，Ⅱ类水样品共 6 件，占比为 3.70%；Ⅲ类水样品共 88 件，占比为 54.32%；Ⅳ类水样品共 56 件，占比为 34.57%；Ⅴ类水样品共 12 件，占比为 7.41%。

从整体上来看，新安江流域枯水期的地下水水质等级主要以Ⅲ类水为主，盆地地区的地下水水质以劣Ⅳ类水为主，地下水水质主要是受碘化物、锰等指标的影响，主要原因应当与地层有关。屯溪盆地为典型的红层盆地，而红层中的锰、铁的含量偏高，因而造成当地的地下水中锰的含量较高。同时，由于红层中富含铁、锰的氧化物/氢氧化物，而铁、锰的氧化物/氢氧化物对碘具有较强的吸附能力，因而在当地的地下水系统中，成为重要的碘汇。在内陆盆地区，在富有机质、长期稳定的还原环境中，在复杂的水文-生物地球化学过程作用下，铁、锰的氧化物/氢氧化物的还原性溶解是造成固相碘迁移、释放进入地下水中的主要过程，因而造成当地的地下水中碘化物的含量偏高。因此，红层的分布是影响新安江流域地下水中碘化物和锰的含量的重要因素，也是影响新安江流域地下水水质的重要因素。

三、汉江流域水质评价

本次评价，项目组共采集了 2020—2022 年工作区 72 件地表水样品（包括同一地点不同时期采集），并收集到 67 个国控断面水质数据。地表水质量评价依据的标准为《地表水质量标准》(GB 3838—2002)，参评指标有 pH、耗氧量、NH_4^+、总磷、Cu、Zn、F^-、Se、As、Hg、Cd、Cr^{6+}、Pb 等 12 项指标。

参与评价的 139 组样品中Ⅲ类及以上水样共有 136 组，占总数的 97.84%。Ⅳ类水样共 1 组，占总数的 0.72%，位于安康市汉阴县涧池镇观音河与月河交汇处，溶解氧含量小于 5，可能由于农业废水和生活污水排放导致水体中有机物和污染物增加，其在降解过程中消耗地表水中氧气，造成溶解氧含量降低。劣Ⅴ类水样共有 2 组，占总数的 1.44%，位于褒河与汉江交汇处的梁西渡断面及湑水河入汉江口，其中：梁西渡断面 TP 为 2.07mg/L，超过Ⅴ类标准值（0.4mg/L）4 倍以上，可能是由于生活污水排放及农田磷肥的使用导致地表水体中总磷含量增加；湑水河入汉江口处氟离子含量为 3.67mg/L，超过Ⅴ类标准值（1.5mg/L）1.45 倍，可能是由于该处水体被制冷剂氟利昂等含氟化学物质污染造成。

流域内地表水质量整体较好，从空间上看，丹江流域整体水质略优于汉江流域，汉江各支流上游水质相对较好，汉江干流水质主要以Ⅱ类水为主，出省水质保持在Ⅱ类水。

浙南诸河流域水环境质量现状评价图

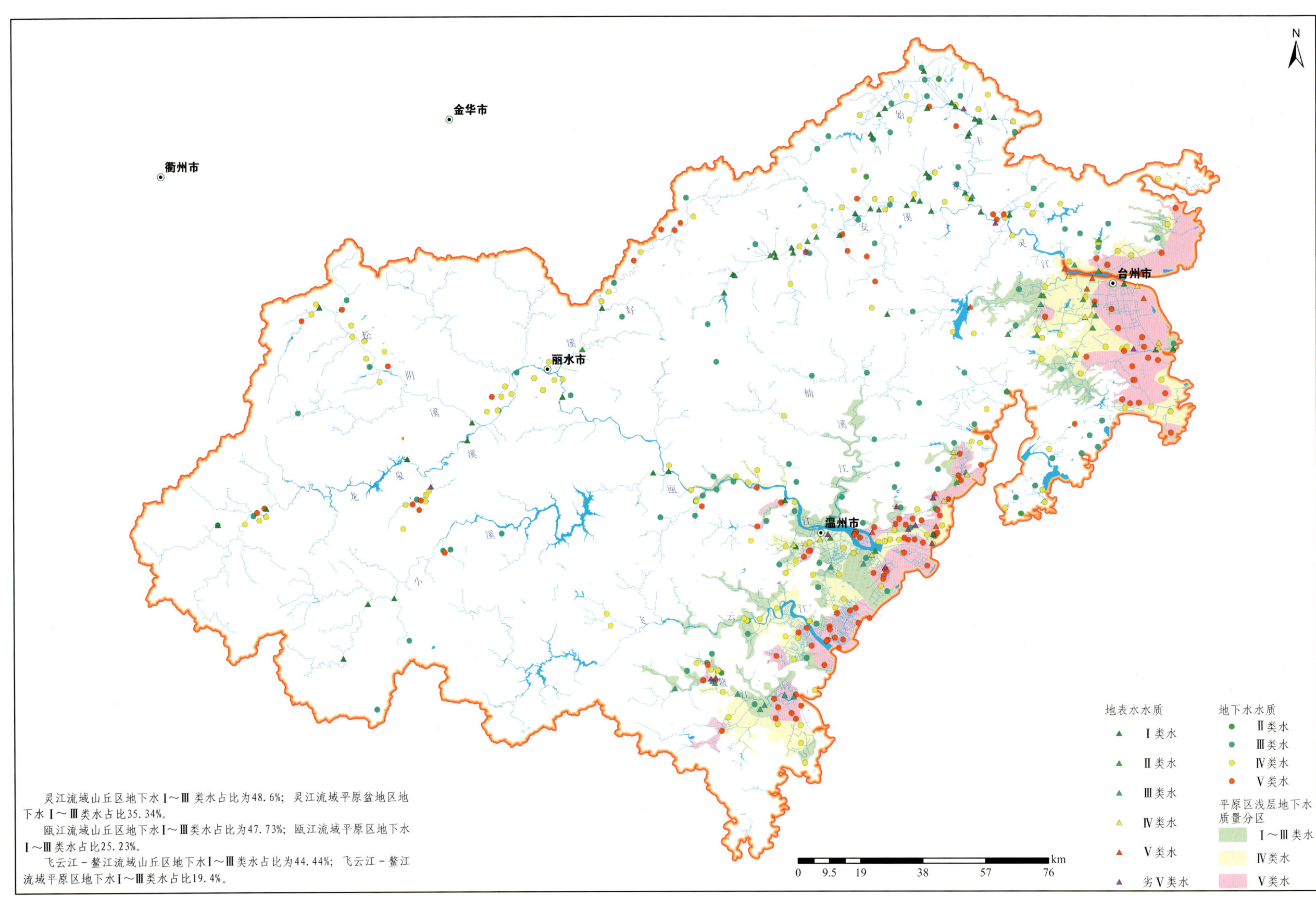

一、数据来源

浙南诸河流域水环境质量现状评价图数据来源于浙南诸河流域地下水资源评价项目，项目所属工程为南方重点生态区生态修复支撑调查工程。

本次评价项目组共采集了 2021—2023 年工作区 498 组地下水全分析样品和 124 组地表水分析样品。样品分析测试由中国地质调查局武汉地质调查中心、湖北省地质试验测试中心和中国地质科学院水文地质环境地质研究所 3 家单位完成，测试结果可靠。

二、水质评价标准

地下水质量评价依据的标准为《地下水质量标准》（GB/T 14848—2017）。
地表水质量评价依据的标准为《地表水质量标准》（GB 3838—2002）。

三、水质评价方法

采用单指标评价方法，地下水质量评价参评指标有：As、Hg、Se、Cu、Zn、Cd、Pb、Al、Mn、Na^+、NH_4^+、F^-、Cl^-、NO_3^-、SO_4^{2-}、NO_2^-、碘化物、TDS、COD_{Mn}、总硬度、Cr^{6+}、pH、总 Fe 等 23 项指标。

地表水质量评价参评指标有 pH、耗氧量、NH_4^+、F^-、Cu、Zn、Hg、Cr^{6+}、As、Pb、Cd、Se 等 12 项指标。

四、水质评价结果

总体来说浙南诸河流域地下水、地表水质量情况为西部山丘区优于东部滨海平原区。地下水、地表水质量综合评价结果分别见表 1、表 2。

表 1　地下水质综合评价结果

流域名称	地貌类型	Ⅰ类水占比（%）	Ⅱ类水占比（%）	Ⅲ类水占比（%）	Ⅳ类水占比（%）	Ⅴ类水占比（%）	Ⅰ～Ⅲ类水占比（%）	超标比例（%）
灵江流域	山丘区	0.00	5.68	42.05	36.36	15.91	47.73	52.27
灵江流域	平原盆地区	0.00	2.59	32.76	37.07	26.72	35.34	64.66
瓯江流域	山丘区	0.00	0.00	48.60	34.58	16.82	48.60	51.40
瓯江流域	平原盆地区	0.00	0.90	24.32	35.14	39.64	25.23	74.77
飞云江—鳌江流域	山丘区	0.00	11.11	33.33	44.44	11.11	44.44	55.56
飞云江—鳌江流域	平原盆地区	0.00	4.48	14.93	35.82	44.78	19.40	80.60

表 2　地表水质综合评价结果

流域名称	Ⅰ类水占比（%）	Ⅱ类水占比（%）	Ⅲ类水占比（%）	Ⅳ类水占比（%）	Ⅴ类水占比（%）	劣Ⅴ类水占比（%）
灵江流域	55.71	15.71	7.14	8.57	8.57	4.29
瓯江流域	36.36	9.09	11.36	18.18	6.82	18.18
飞云江流域	0.00	0.00	80.00	0.00	0.00	20.00

新安江流域水环境质量现状评价图

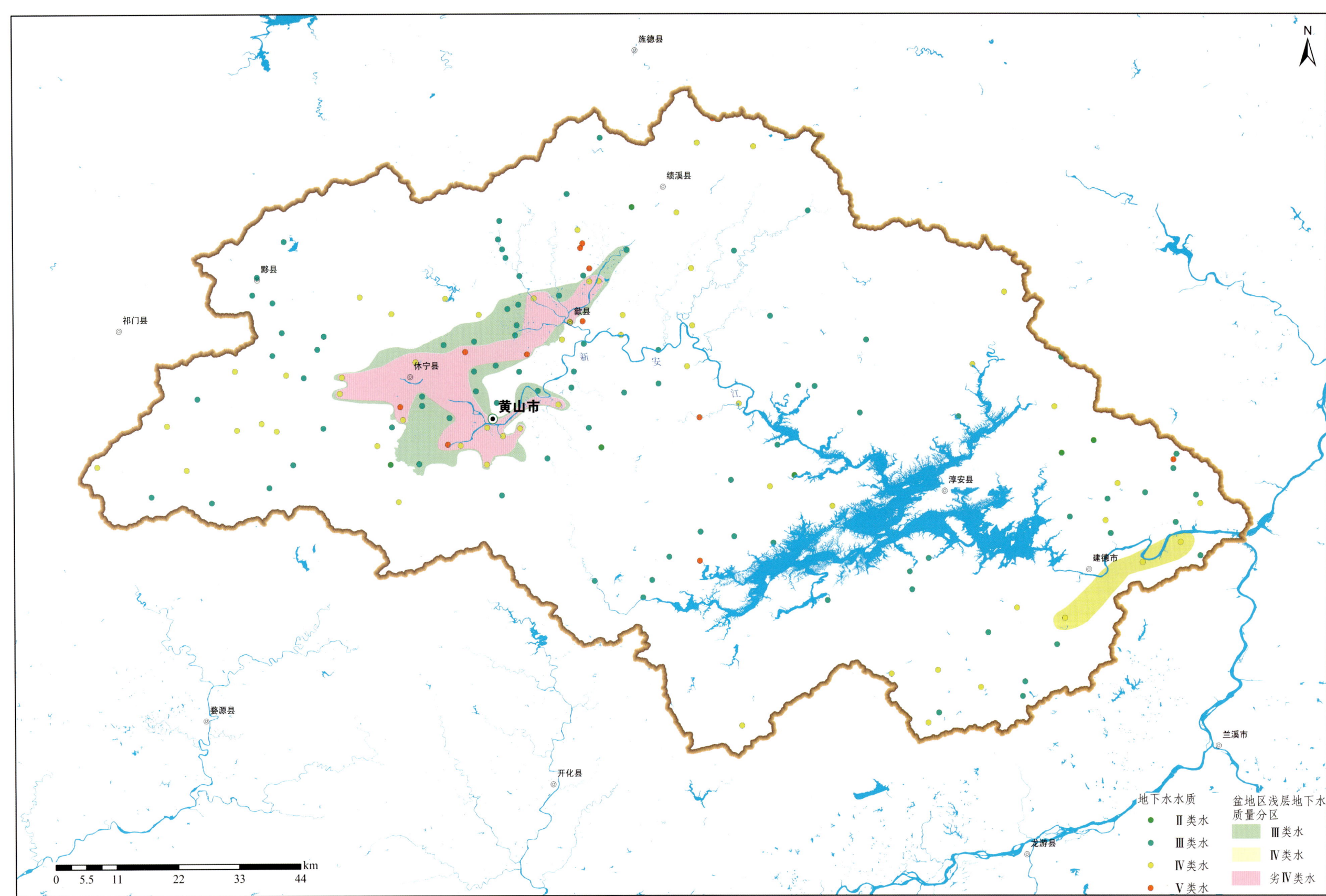

新安江流域位于中国的江苏、浙江、安徽三省交界处，是中国长江上游的一个重要支流。新安江流域地理位置优越，自然环境丰富多样，具有重要的生态、经济和文化价值。在进行流域管理、生态保护和资源利用方面，有几个关键的方面需要考虑：

（1）水资源管理，新安江流域是江苏、浙江、安徽三省的重要水源地之一，需要进行有效的水资源管理，包括流域水资源调度、水质保护、水污染治理等方面工作，以保障流域内各地区的水资源供应和水环境质量。

（2）生态保护与修复，新安江流域拥有丰富的生态资源，但受到了人类活动的影响，面临生态环境破坏的挑战。因此，需要开展流域内各类生态系统的保护和修复工作，包括湿地保护、森林恢复、水土保持等，以提升生态系统的稳定性和生态功能。

（3）土地资源利用，流域内的土地资源在农业、工业、城镇化等方面得到了广泛利用，但也存在土地沙化、水土流失等问题。需要进行合理的土地利用规划，推进土地资源的可持续利用，同时加强土地保护和治理工作，防止土地生态环境恶化。

（4）经济发展与生态平衡，在流域经济发展过程中，需要注重生态与经济的协调发展，推动绿色产业和生态旅游等生态友好型产业的发展，促进流域经济的可持续增长，同时保护好生态环境，实现经济发展与生态平衡。

（5)跨区域合作与管理,新安江流域跨越了多个省份,需要加强跨区域的流域合作与管理，建立健全的流域管理机制和协调机制，推动各地区共同参与流域管理，实现资源共享、风险共担、效益共享的目标。

为了查明新安江流域枯水期的地下水水质特征，中国地质调查局烟台海岸带地质调查中心新安江流域地下水资源调查评价项目于 2022 年 11—12 月（枯水期）在新安江流域内采集了 162 件地下水化学样品，对 32 项指标进行了分析测试。

根据《地下水质量标准》（GB/T 14848—2017）中规定的各项指标的限值，对新安江流域枯水期的地下水水质等级进行单因子评价，参评指标不含总大肠菌群。从整体上来看，新安江流域枯水期的地下水水质等级主要以Ⅲ类水为主，盆地地区的地下水水质以劣Ⅳ类水为主。

新安江流域枯水期的地下水水质特征可能受多种因素的影响，包括地质构造、地下水补给来源、人类活动等。以下是一般情况下新安江流域枯水期地下水的水质特征：

（1）水质稳定性增强，枯水期地下水水位下降，地下水补给相对减少，地下水储量有限，因此地下水的水质在枯水期可能更加稳定，变化较小。

（2）水质浓度变化，由于地下水水位下降，地下水的水质浓度可能会增加，包括总溶解固体（TDS）、硬度、重金属等物质的浓度可能会有所提高。

（3）盐碱化风险增加，在枯水期，地下水的补给减少，蒸发作用加剧，导致地下水中溶解物质浓度的增加，可能导致土壤盐碱化的风险增加。

（4）水质污染加剧，枯水期地下水水位下降，可能导致地下水中的污染物浓度升高，尤其是在污染源附近地区，地下水可能受到污染物的更大影响。

（5）地下水位下降与水质关系，地下水水位下降可能会引起地下水与地表水的交互作用增加，地下水受到地表水的污染物渗入的可能性增加，进而影响地下水的水质。

（6）地质特征影响，新安江流域的地质构造复杂，不同地段地下水水质可能存在较大差异，如岩溶地区地下水硬度较高，而泥石流地区地下水中可能含有较多的悬浮物等。

综上所述，新安江流域枯水期的地下水水质特征受到多种因素的影响，包括地质特征、地下水补给、人类活动等，需要综合考虑地质背景和人类活动对地下水水质的影响，进行水质监测和保护工作，有助于保障地下水资源的可持续利用和生态环境的稳定。

汉江流域陕西段地表水环境质量现状评价图

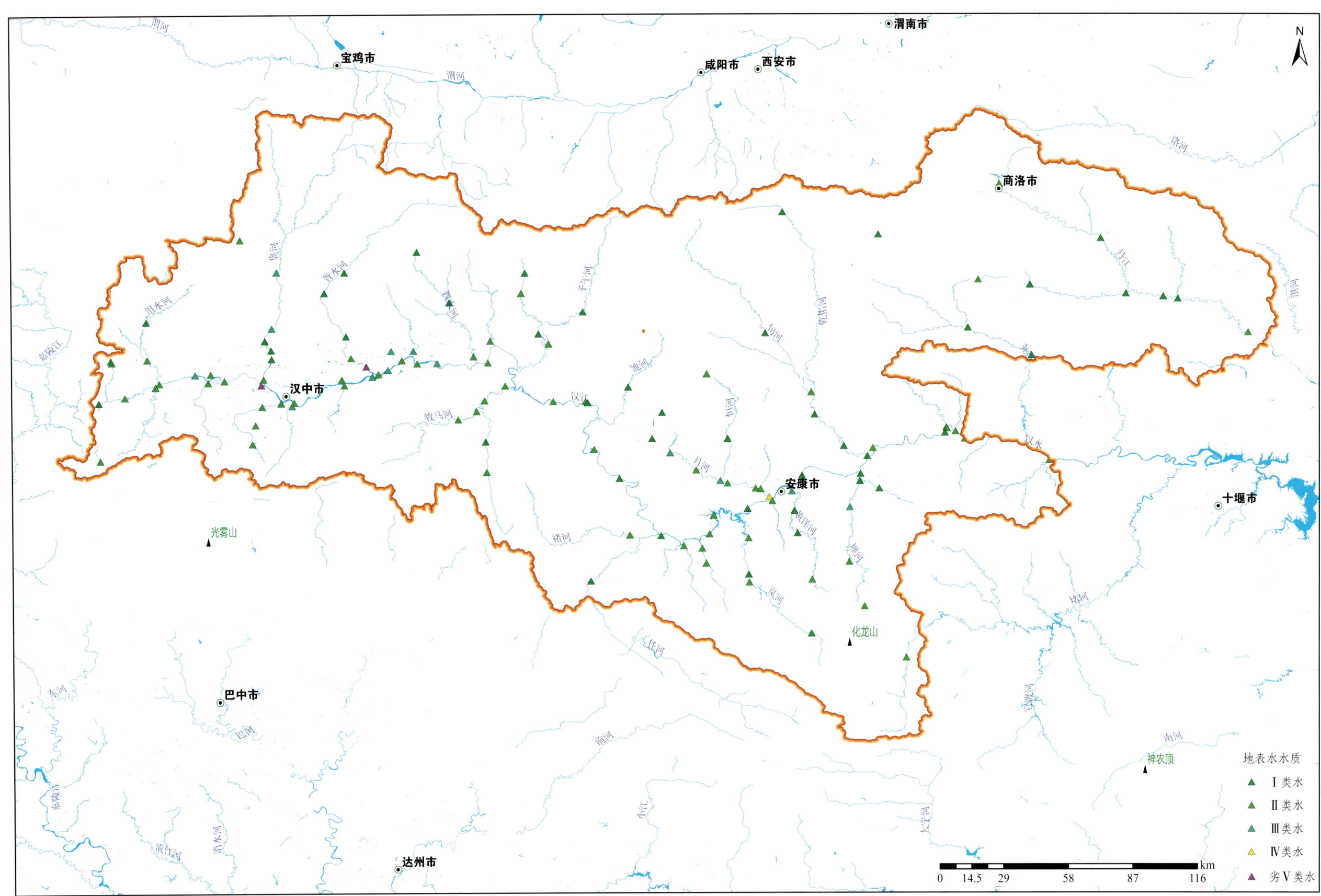

一、数据意义

汉江流域位于中国中部,是长江上游的重要支流之一。流域范围广泛,涵盖了湖北、陕西、河南、湖南等多个省份,流域总面积约为15.8万平方公里。汉江流域地形复杂,包括高山、丘陵、平原等地貌类型。流域内有著名的秦岭山脉,以及众多支流,如川江、乌江、沣河等。汉江流域地势西高东低,流域内有许多湖泊和水库。汉江是中国南水北调工程的重要水源之一,是中国南方地区重要的灌溉水源和城市供水水源。流域内有众多的水库和水利工程,对于调节当地水资源、防洪和发电具有重要意义。汉江流域陕西段地表水环境质量现状评价图数据来源于南水北调丹江口水库上游生态修复综合调查项目,项目所属工程为南方重点生态区生态修复支撑调查工程。

本次评价,项目组共采集了2020—2022年工作区72件地表水样品(包括同一地点不同时期采集),并收集到67个国控断面水质数据。采集样品分析测试由中陕核工业集团综合分析测试有限公司和陕西省地质矿产实验研究所有限公司两家单位完成,测试结果可靠。

二、水质评价标准

评价依据的标准为《地表水质量标准》(GB 3838—2002)。

三、水质评价方法

地表水质量评价参评指标涵盖pH、耗氧量、NH_4^+、总磷、Cu、Zn、F^-、Se、As、Hg、Cd、Cr^{6+}、Pb等12项指标。

四、水质评价结果

结果显示(表1、表2),流域内地表水质量整体较好,从空间上看,丹江流域整体水质略优于汉江流域,汉江各支流上游水质相对较好,汉江干流水质主要以Ⅱ类水为主,出省水质保持在Ⅱ类水。

表1 不同方式获取水样水质类别样品组数

水质类别	项目自采		收集断面	
	组数	百分比(%)	组数	百分比(%)
Ⅰ类	35	48.60	10	14.93
Ⅱ类	21	29.17	52	77.61
Ⅲ类	14	19.44	4	5.97
Ⅳ类	1	1.39	0	0
Ⅴ类	0	0	0	0
劣Ⅴ类	1	1.39	1	1.49
合计	72	100	67	100

表2 地表水质样品类别总评价结果

水质类别	组数	百分比(%)
Ⅰ类	45	32.37
Ⅱ类	73	52.52
Ⅲ类	18	12.95
Ⅳ类	1	0.72
Ⅴ类	0	0
劣Ⅴ类	2	1.44
合计	139	100

云贵高原农耕区（滇中楚雄地区）优质土地开发利用建议图

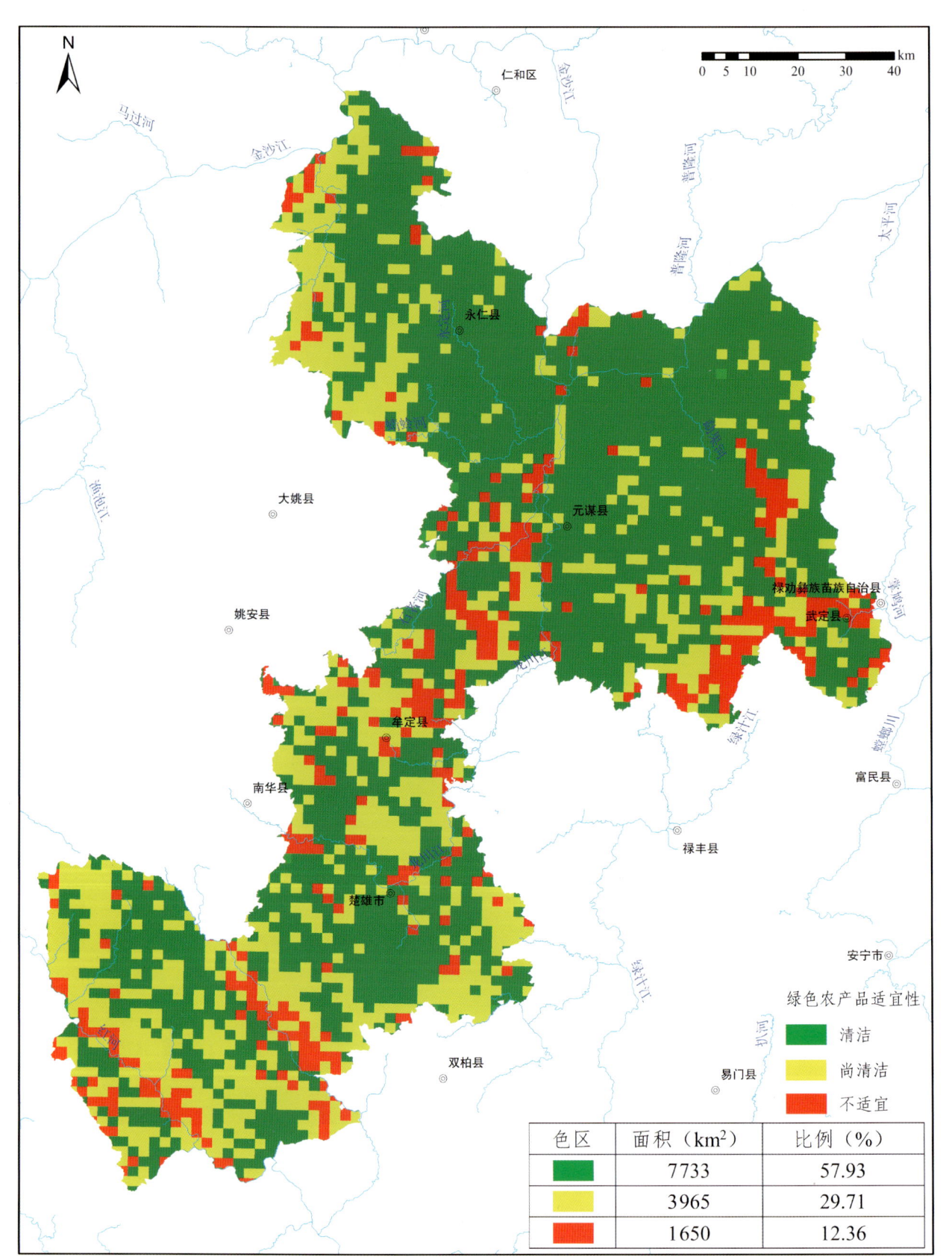
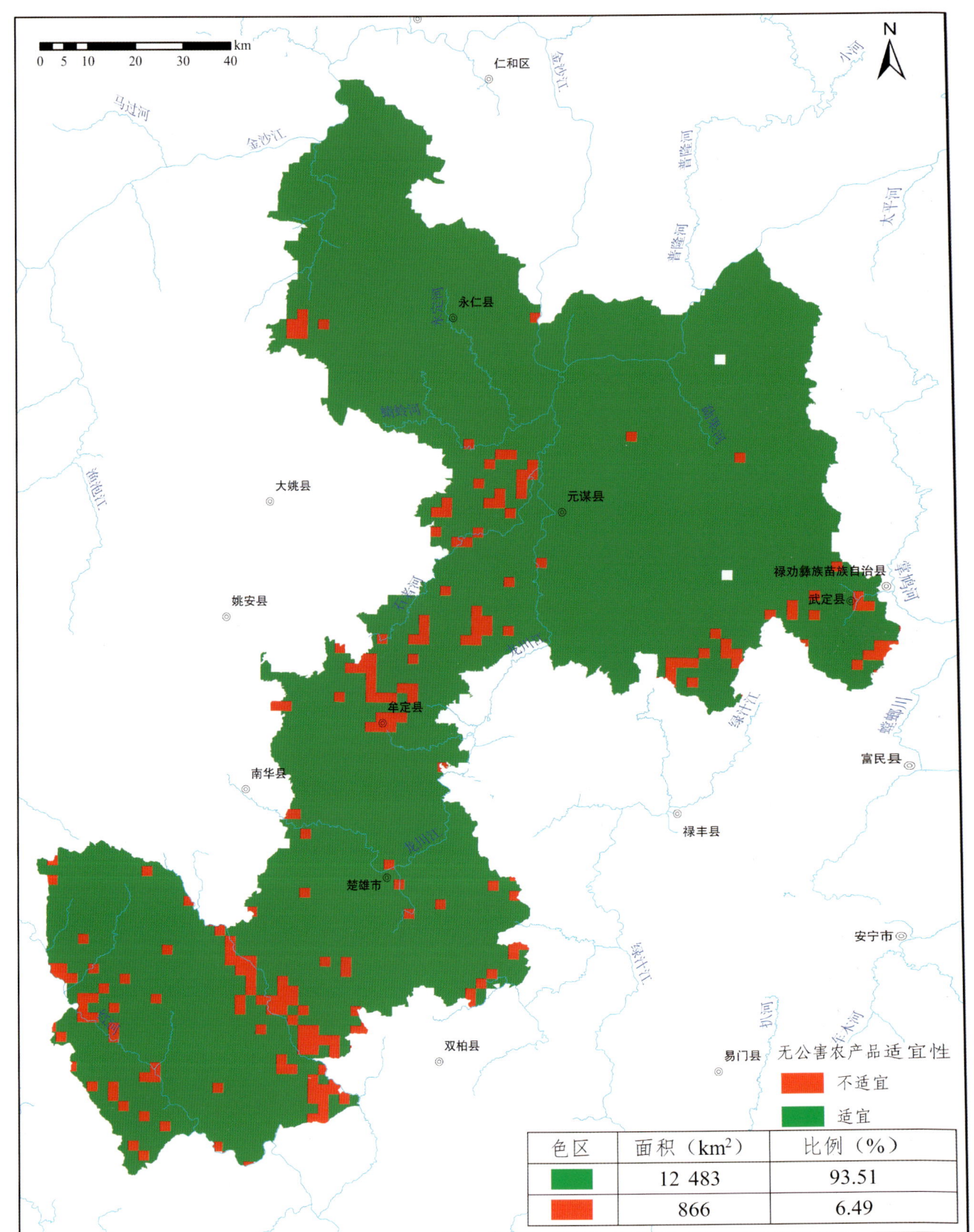

一、数据意义

汉江流域位于中国中部,是长江上游的重要支流之一。流域范围广泛,涵盖了湖北、陕西、河南、湖南等多个省份,流域总面积约为15.8万平方公里。汉江流域地形复杂,包括高山、丘陵、平原等地貌类型。流域内有著名的秦岭山脉,以及众多支流,如川江、乌江、沣河等。汉江流域地势西高东低,流域内有许多湖泊和水库。汉江是中国南水北调工程的重要水源之一,是中国南方地区重要的灌溉水源和城市供水水源。流域内有众多的水库和水利工程,对于调节当地水资源、防洪和发电具有重要意义。汉江流域陕西段地表水环境质量现状评价图数据来源于南水北调丹江口水库上游生态修复综合调查项目,项目所属工程为南方重点生态区生态修复支撑调查工程。

本次评价,项目组共采集了2020—2022年工作区72件地表水样品(包括同一地点不同时期采集),并收集到67个国控断面水质数据。采集样品分析测试由中陕核工业集团综合分析测试有限公司和陕西省地质矿产实验研究所有限公司两家单位完成,测试结果可靠。

二、水质评价标准

评价依据的标准为《地表水质量标准》(GB 3838—2002)。

三、水质评价方法

地表水质量评价参评指标涵盖pH、耗氧量、NH_4^+、总磷、Cu、Zn、F^-、Se、As、Hg、Cd、Cr^{6+}、Pb等12项指标。

四、水质评价结果

结果显示(表1、表2),流域内地表水质量整体较好,从空间上看,丹江流域整体水质略优于汉江流域,汉江各支流上游水质相对较好,汉江干流水质主要以Ⅱ类水为主,出省水质保持在Ⅱ类水。

表1　不同方式获取水样水质类别样品组数

水质类别	项目自采		收集断面	
	组数	百分比(%)	组数	百分比(%)
Ⅰ类	35	48.60	10	14.93
Ⅱ类	21	29.17	52	77.61
Ⅲ类	14	19.44	4	5.97
Ⅳ类	1	1.39	0	0
Ⅴ类	0	0	0	0
劣Ⅴ类	1	1.39	1	1.49
合计	72	100	67	100

表2　地表水质样品类别总评价结果

水质类别	组数	百分比(%)
Ⅰ类	45	32.37
Ⅱ类	73	52.52
Ⅲ类	18	12.95
Ⅳ类	1	0.72
Ⅴ类	0	0
劣Ⅴ类	2	1.44
合计	139	100

南方重点生态区重要水源涵养区土壤侵蚀评价图

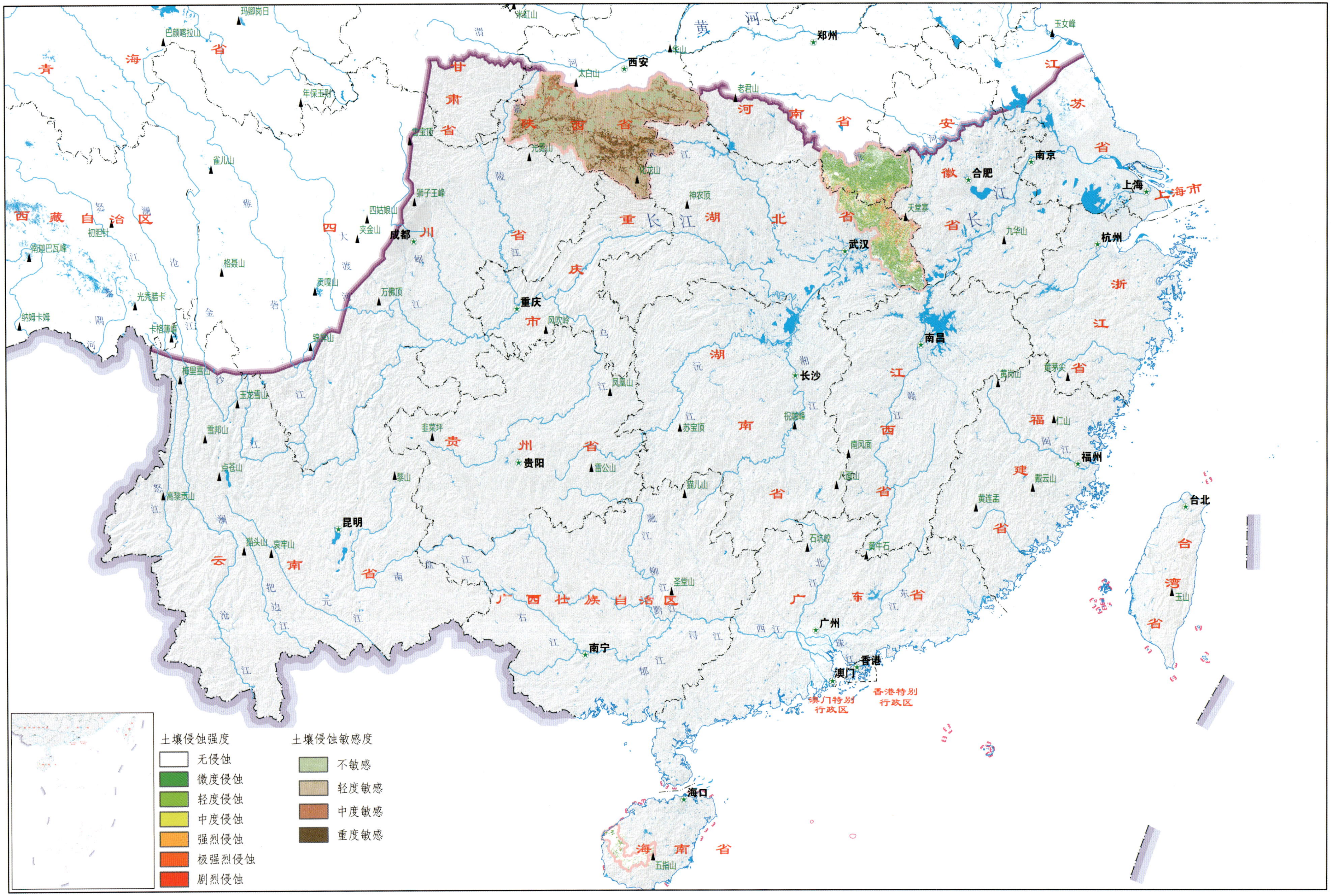

一、大别区西段土壤侵蚀评价

本研究以土壤流失方程系列模型（USLE）为基础，利用RS、GIS、统计学等分析技术，分析提取影响区域尺度土壤侵蚀的各个自然因子，即降雨侵蚀力因子、土壤可蚀性因子、地形因子（如地形起伏度、地面粗糙度等）、植被覆盖度因子，以合适的方法在合适的分辨率上建立各因子的空间数据库，并对各因子进行时空动态分析；应用GIS空间分析功能，依据水利部颁布的《土壤侵蚀分类分级标准》（SL 190—2007）和USLE模型，计算确定土壤侵蚀模数，完成水土流失定量评价。

土壤侵蚀模数是反映水土流失强弱的重要参数，参考水利部颁发的《土壤侵蚀强度分类分级标准》（SL 190—2007）对大悟县进行土壤侵蚀量的划分（表1）。

表1 土壤侵蚀模数分级

土壤侵蚀强度	土壤侵蚀模数范围（$t \cdot km^{-2} \cdot a^{-1}$）
微度侵蚀	<500
轻度侵蚀	500～2500
中度侵蚀	2500～5000
强度侵蚀	5000～8000
极强度侵蚀	8000～15 000
剧烈侵蚀	>15 000

结果显示，2020年大别山西段的平均土壤侵蚀模数为9.58$t \cdot km^{-2} \cdot a^{-2}$，属于轻度侵蚀区。整个大别山山系水土流失情况较重，部分地区达到了极强度土壤侵蚀（表2）。水土流失面积范围大约为6 438.75km^2，其中，高等级水土流失主要分布于信阳南部—大悟县北部一带以及商城—英山一带，地质建造上主要受中生代花岗岩建造控制。

表2 大别区西段2020年水土流失各侵蚀等级统计

侵蚀等级	微度侵蚀	轻度侵蚀	中度侵蚀	强烈侵蚀	极强烈侵蚀	剧烈侵蚀
侵蚀面积（km^2）	31 818.88	2 783.31	1 240.80	841.09	914.60	658.88
占比（%）	83.17	7.27	3.24	2.20	2.39	1.72

二、汉江流域土壤侵蚀评价

收集汉江流域陕西段降雨、地形、土壤质地、植被类型等基础数据，参考《土壤侵蚀分类分级标准》（SL 190—2007），结合研究区现状选取降雨侵蚀力、地形起伏度、土壤可蚀性、植被类型4个指标作为土壤侵蚀敏感性评价因子，基于ArcGIS平台，利用空间叠加功能对汉江流域陕西段土壤侵蚀敏感性进行评价，分析水土流失潜在危险度。

汉江流域陕西段土壤侵蚀敏感性以轻度敏感为主，高度敏感区面积较小，占全区面积的11%，不敏感区和轻度敏感区总面积约48 229km^2，占全区面积的73%（表3）。

表3 汉江流域陕西段土壤侵蚀敏感性分区占比

水土流失敏感性分区	面积（km^2）	占比（%）
不敏感	13 743	21
轻度敏感	34 486	52
中度敏感	10 491	16
高度敏感	6 994	11

以水土流失敏感性估测易发性，汉江流域陕西段低易发区主要位于秦巴山区植被高覆盖区，水土流失连片高易发区主要分布在汉江及其支流两侧中低山丘陵区，区域内人口密集，土层较薄，地貌受改造强烈，植被覆盖率相对较低，斜坡坡度较陡，在一定降雨条件下易发生水土流失，部分区域在人类活动影响下土壤侵蚀加剧。

三、昌化江流域土壤侵蚀评价

评价使用的遥感数据来源于Google Earth Engine（GEE）平台下载的哨兵系列影像；土壤数据来源于世界土壤数据库HWSD（Harmonized World Soil Database）；DEM数据来源于美国国家航空航天局（NASA）的12.5m分辨率DEM数据；气象数据来源于国家气象信息中心。

依据《海南省土壤侵蚀评价标准》（DB 43/T 1185—2014），将昌化江流域土壤侵蚀模数计算结果进行分级，具体分级如表4所示。

表4 土壤侵蚀强度分级

级别	平均侵蚀模数（$t \cdot km^{-2} \cdot a^{-1}$）
微度	<500
轻度	500～2500
中度	2500～5000
强烈	5000～8000
极强烈	8000～15 000
剧烈	>15 000

根据评价结果分析认为：年降水量、坡度和植被覆盖度对土壤侵蚀的影响程度较高，海拔高度和土地利用类型的影响程度居中。

大别山区西段 2020 年土壤侵蚀强度分布图

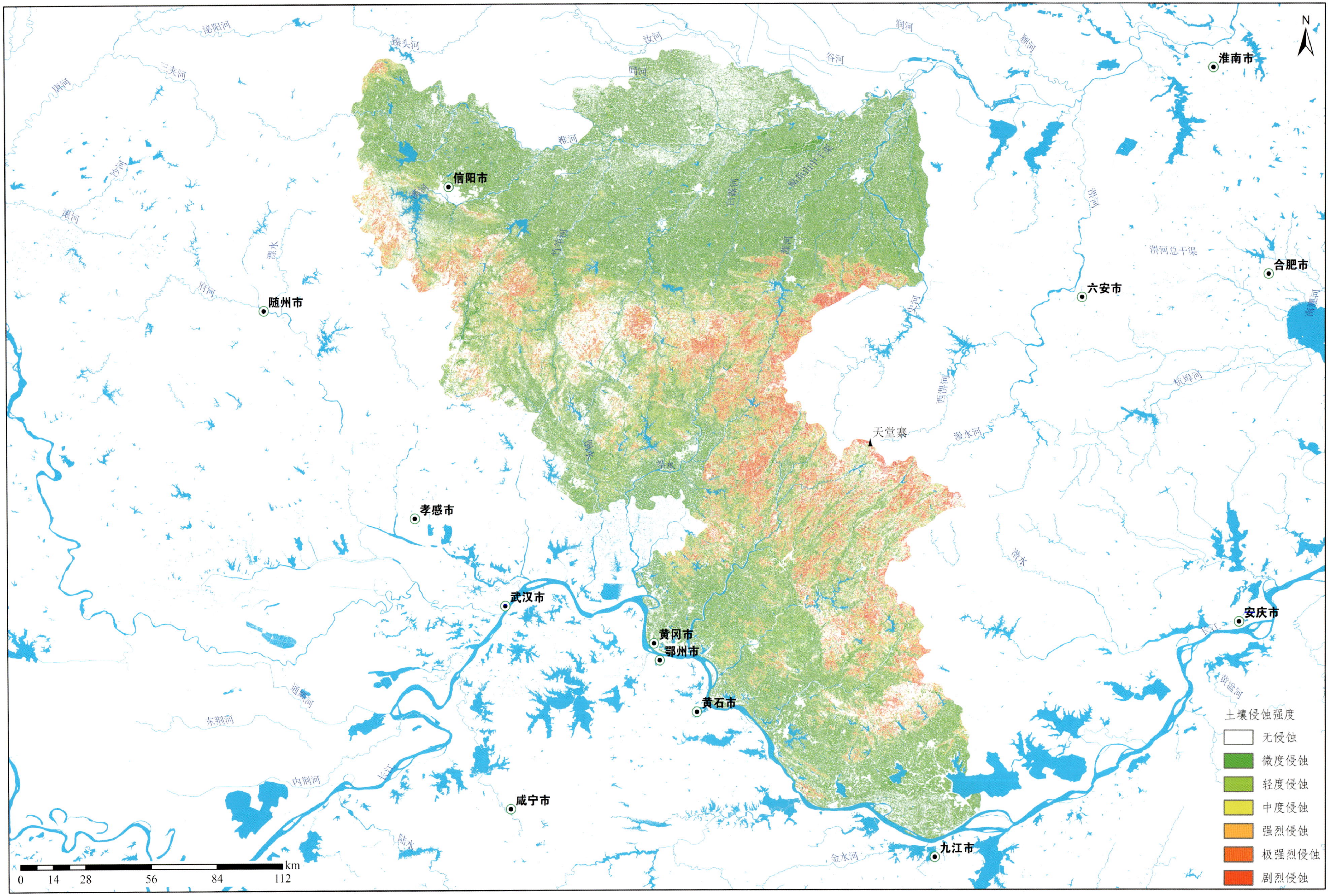

土壤流失方程系列模型（Universal Soil Loss Equation，USLE）是用于评估土壤侵蚀的一种数学模型，被广泛应用于农业、土地利用规划、水资源管理等领域。USLE 模型由美国农业部（USDA）开发，旨在定量评估降雨、土壤、地形、地被覆盖和土地利用等因素对土壤侵蚀的影响。

大别山西段 2020 年土壤侵蚀强度分布图采用土壤流失方程系列模型（USLE）为基础，利用 RS、GIS、统计学等分析技术，分析提取影响区域尺度土壤侵蚀的各个自然因子。USLE（通用土壤流失方程）模型的表达式为：

$$A=R \times K \times LS \times C \times P$$

式中：A 是模型预测的年土壤侵蚀量，单位为 $t \cdot hm^{-2} \cdot a^{-1}$；$R$ 是降雨侵蚀力因子，单位为 $MJ \cdot mm \cdot hm^2 \cdot h^{-1} \cdot a^{-1}$，是降水产生的径流对土壤造成侵蚀的动力指标，降雨的强度和持续时间对侵蚀有重要影响；LS 为地形因子，无量纲，L 即坡长因子，是指标准化到 22.13m 坡长上的土壤侵蚀量，S 即坡度因子，是指标准化到 5.14° 坡度下的土壤侵蚀量，一般的小尺度研究直接利用实测地形数据，大尺度研究会利用 DEM 数据提取信息来计算地形因子 LS；K 指代的是土壤可蚀性因子，单位为 $t \cdot hm^2 \cdot h \cdot hm^{-2} \cdot MJ^{-1} \cdot mm^{-1}$，其反映了土壤对侵蚀营力分离和搬运作用的敏感性；$C$ 是植被覆盖与管理因子，无量纲，表示植被覆盖和管理措施对土壤侵蚀的作用；P 因子即水土保持措施因子，无量纲，指在特定水土保持措施的土壤流失与起伏地耕作的相应土壤流失之比。C 和 P 因子可反映人为控制土壤侵蚀的作用。

土壤侵蚀模数是反映水土流失强弱的重要参数，参考水利部颁发的《土壤侵蚀分类分级标准》（SL 190-2007）对大悟县进行土壤侵蚀量的划分。

结果显示，2020 年大别山西段的平均土壤侵蚀模数为 $9.58 t \cdot hm^{-2} \cdot a^{-1}$，属于轻度侵蚀区。整个大别山山系水土流失情况较重，部分地区达到了极强度土壤侵蚀。水土流失面积范围约为 $6438.75 km^2$，其中，高等级水土流失主要分布于信阳南部—大悟县北部一带以及商城—英山一带，地质建造上主要受中生代花岗岩建造控制。

根据大别山 30 年间的土地利用变化，由于经济的持续发展以及人类活动对用地需求的增加，耕地、建设用地的面积在迅速增长，尤其是建设用地；而林地、草地、水体和湿地的面积持续在减少。大别山地势险峻，坡度陡长，土壤质地松散，不合理的开发利用加剧了地表土壤的离散，导致地表裸露，更易形成沙源，引发水土流失。因此可以看出，大别山水土流失加剧的原因可能是：

（1）土地利用变化，耕地和建设用地的迅速增长，尤其是建设用地的扩张，导致原本的林地、草地、水体和湿地等自然覆盖减少。这种土地利用变化破坏了原有的生态系统平衡，减少了植被覆盖，使得土壤暴露在外，增加了水土流失的风险。

（2）地形特征，大别山地势险峻，坡度陡长，土壤质地松散，这些地形特征使得水土流失的风险更加突出。在这样的地形条件下，一旦植被被破坏，土壤容易被雨水冲刷，加剧了水土流失的程度。

（3）不合理的开发利用，人类活动对土地的不合理开发利用加剧了水土流失的问题。例如，过度的砍伐林木、过度放牧、不合理的农业耕作方式等都会破坏土壤结构和植被覆盖，增加水土流失的风险。

（4）土地管理不当，缺乏有效的土地管理措施也是导致水土流失加剧的原因之一。如果没有采取适当的水土保持措施，如梯田、林地复垦、草地保护等，就无法有效地减少土壤侵蚀和水土流失的发生。综合考虑这些因素，大别山地区水土流失加剧主要是由于人类活动导致的土地利用变化、地形特征以及不当的开发利用和管理所致。因此，为了有效减缓水土流失的问题，需要采取综合的土地管理和保护措施，保持或恢复地表的植被覆盖，改善土壤质地，合理利用土地资源，以及加强水土保持工作。

秦巴山区（汉江流域陕西段）土壤侵蚀敏感性评价图

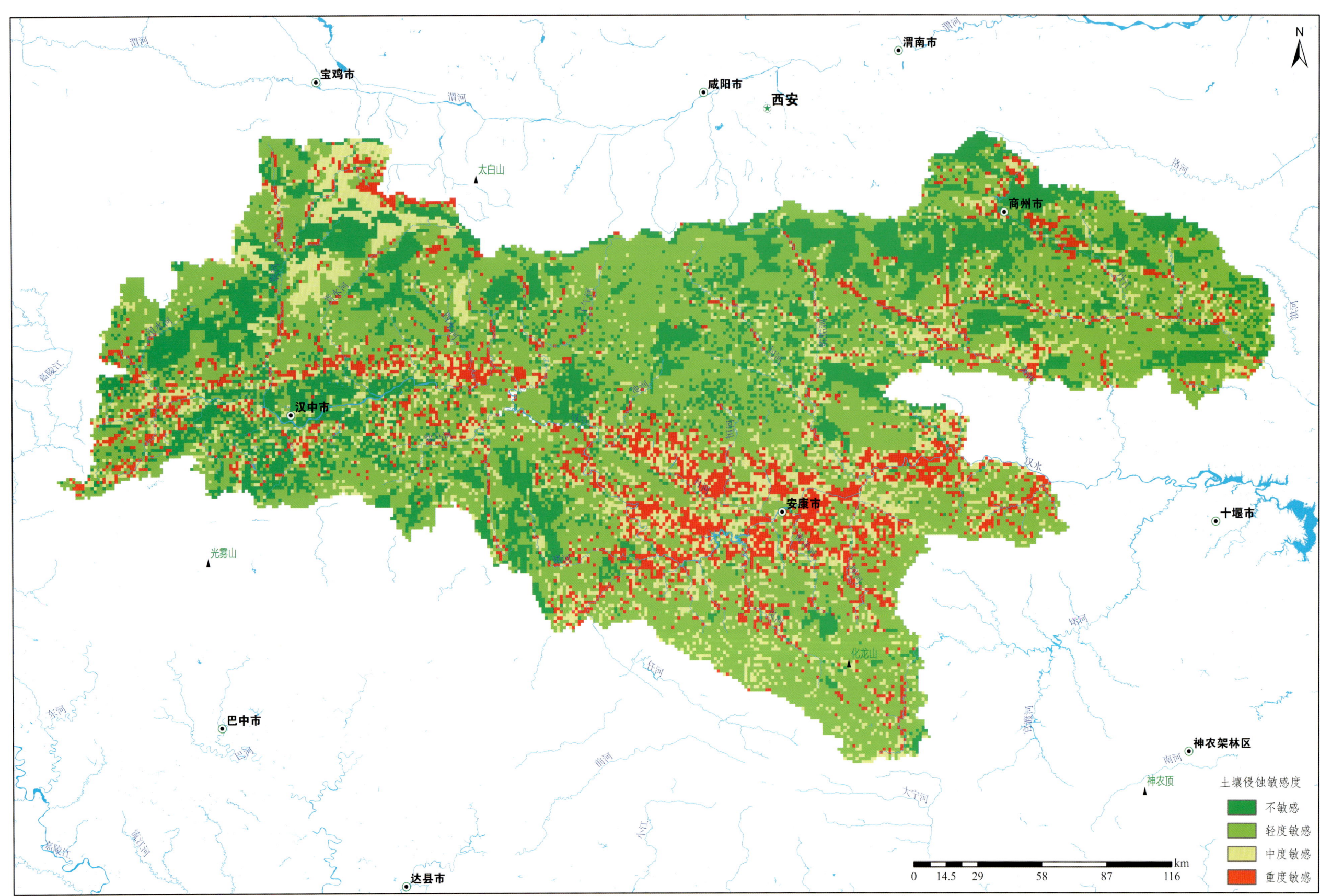

秦巴山区是中国境内的一个地理区域，位于中国中部，主要横跨陕西、四川、重庆、湖北、湖南等省份。它是中国重要的山地地区之一，具有丰富的自然景观、文化遗产和生物多样性。

秦巴山区位于中国中西部，东临黄土高原，西接川西高原，南抵长江中游，北与秦岭山地相连，地处我国东西交通要冲之地。山区地势复杂，山峦起伏，河流纵横，峡谷深邃。秦岭和巴山是其主要山脉，是中国著名的丹霞地貌分布区。秦巴山脉的山峰多在3000m以上，最高峰为秦岭的太白山，海拔3096m。其气候类型多样，包括亚热带季风气候、温带季风气候等。由于地形复杂，气候差异较大，海拔高度不同的地区气候差异更为显著。该地区生物资源丰富，拥有丰富的植物、动物资源和独特的生态系统。这里是中国南北植物的过渡带，具有重要的生物多样性保护价值。秦巴山区拥有丰富的历史文化遗产，如秦始皇兵马俑、崇山峻岭中的古村落、古城堡、古寺庙等。这些文化遗产见证了秦巴山区悠久的历史和独特的文化底蕴。该地区地形复杂，交通不便，但也因此保留了相对原始的自然环境和生态系统。主要以农业、林业、畜牧业为主导产业，同时也有一定的矿产资源和旅游业发展潜力。综上所述，秦巴山区是中国中西部一个重要的山地地区，具有丰富的自然资源、文化遗产和生物多样性，对于中国的生态环境保护、旅游业发展和地方经济建设具有重要意义。

秦巴山区的生态环境对整个汉江流域的生态安全具有重要影响。山区的植被覆盖、地形特征以及水文过程对水土保持、生物多样性保护等起着关键作用。因此，保护秦巴山区的生态环境，也就是保护汉江流域的生态安全。秦巴山区地形复杂，易发生水土流失，而这对整个汉江流域的水资源保护和土地可持续利用具有重要意义。通过加强水土保持工作，保持植被覆盖，采取防治措施，可以减少土壤侵蚀，保护水资源，维护汉江流域的生态平衡。汉江流域在秦巴山区具有重要的水资源供给、生态保护、水土保持、文化遗产保护和区域协调发展等方面的意义，需要加强对该地区的生态环境保护和可持续发展。

一、数据来源

秦巴山区（汉江流域陕西段）土壤侵蚀敏感性评价图成图所用主要数据来源如表1所示。

表1 主要数据来源

数据名	数据来源
DEM数据	地理空间数据云，30m分辨率SRTM数字高程数据
降水量	国家气象信息中心
土壤数据	世界土壤数据库（HSWD）中国土壤数据集，空间分辨率1km
植被类型	中国科学院地理科学与资源研究所网站

二、评价结果

汉江流域陕西段土壤侵蚀敏感性以轻度敏感为主，不敏感区和轻度敏感区总面积约48 229 km^2，占全区面积的73%，高度敏感区面积较小，但仍有一定规模，占全区面积的11%。

三、结果分析

以水土流失敏感性估测易发性，汉江流域陕西段低易发区主要位于秦巴山区植被高覆盖区和盆地内地形平坦区域，该区域内雨水对地表土壤的冲刷侵蚀作用较弱，水土流失现象较轻微；水土流失连片高易发区主要分布在汉江及其支流两侧中低山丘陵区，区域内人口密集，土层较薄，地貌受改造强烈，植被覆盖率相对较低，斜坡坡度较陡，在一定降雨条件下易发生水土流失，部分区域在人类活动影响下土壤侵蚀加剧。

四、修复建议

在中低山重度侵蚀区应继续加强植树造林和退耕还林，提升森林水源涵养和水土保持功能；在人类活动强烈的低山丘陵区，建设清洁小流域，实施坡改梯及配套坡面水系工程，将适宜的坡耕地改造成梯田，距离村庄远、坡度较大、土层较薄、缺少水源的坡耕地发展经济林果或种植水土保持林草，禁垦坡度以上的陡坡耕地退耕还林还草，降低水土流失发生风险。

热带雨林区（昌化江流域）2022年土壤侵蚀强度分布图

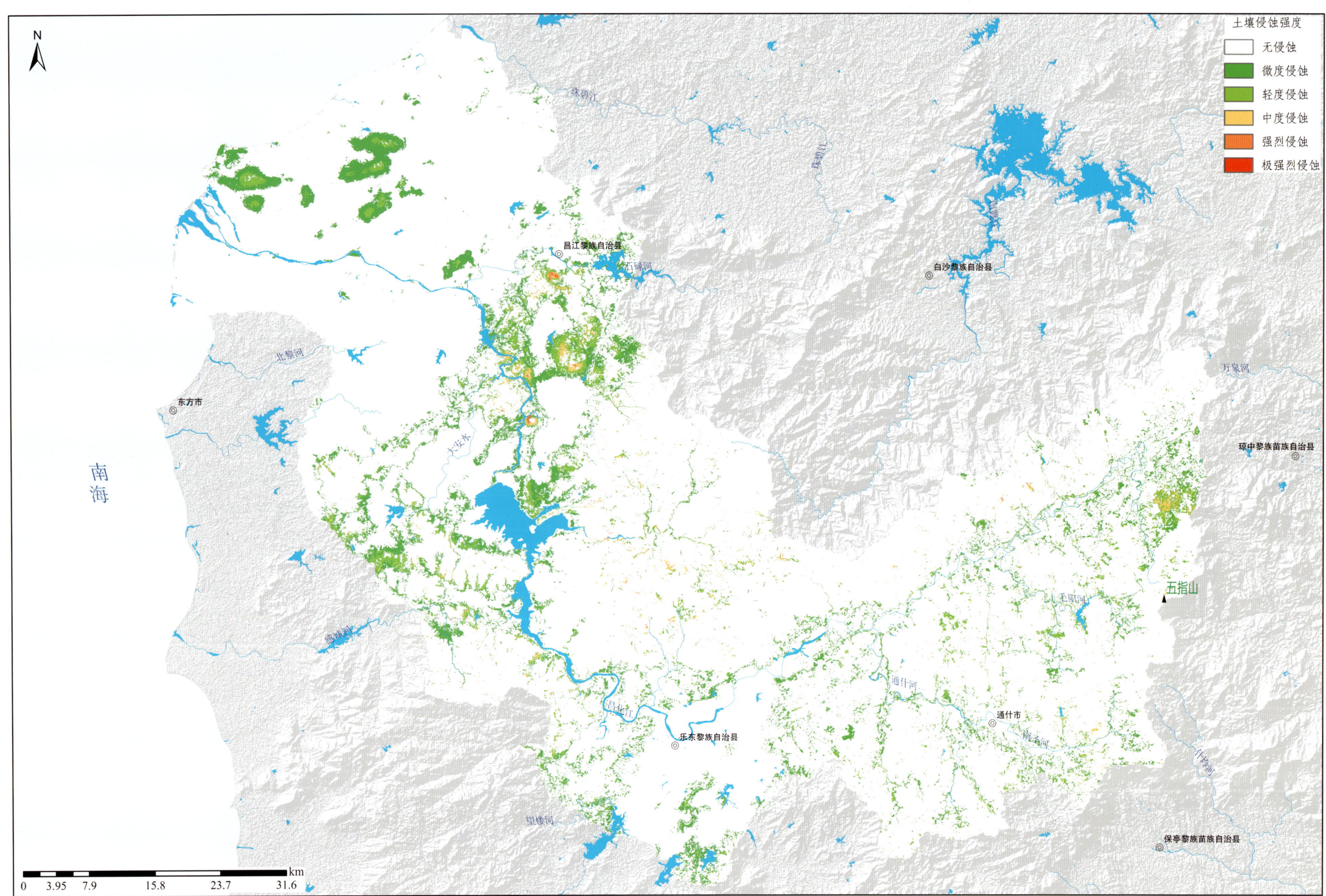

一、评价意义

热带雨林（昌化江流域）2022 年土壤侵蚀强度分布图意义在于为土地资源的合理利用、水土保持规划、农业生产管理和生态环境保护提供了重要信息和科学依据，有助于实现可持续发展目标和生态文明建设。通过对土壤侵蚀数据的分析，可以评估昌化江流域不同地区土壤的侵蚀程度和风险程度。这有助于农业生产、土地规划和资源管理部门了解土地的肥力状况、植被覆盖情况以及可能存在的生态环境问题，为合理利用土地资源提供科学依据。土壤侵蚀数据可以为昌化江流域的水土保持规划提供重要参考。通过分析土壤侵蚀的分布特征和影响因素，可以确定不同地区的水土保持重点区域，制定相应的防治措施和管理政策，以减少土地的侵蚀和水土流失，保护水资源和生态环境。对土壤侵蚀数据的分析可以帮助农民和农业管理部门了解土地的肥力状况和土壤保护的需求，指导农业生产实践。根据土壤侵蚀程度和风险程度，可以制定合理的耕作措施、种植方式和农业管理措施，提高土地的生产力和可持续利用水平。土壤侵蚀数据反映了土地利用和人类活动对生态环境的影响程度，有助于及时发现和解决生态环境问题。基于土壤侵蚀数据，可以采取措施保护和恢复植被覆盖、改善土壤质量，减少土地的侵蚀和生态破坏，维护昌化江流域的生态平衡和环境稳定。

二、原因分析

年降水量、坡度和植被覆盖度对土壤侵蚀的影响程度较高，海拔高度和土地利用类型的影响程度居中。由于植被的根系能够稳固土壤，减少雨水的冲刷和侵蚀，减缓雨水径流速度，防止土壤流失；另外，在陡峭的坡地上，雨水流动速度加快，冲刷力增强，容易形成沟壑并迅速冲刷土壤，导致水土流失；土地利用对土壤侵蚀具有显著影响，农田耕作是昌化江流域主要的土地利用形式之一，不合理的耕作方式常常导致土壤侵蚀的加剧；随着海拔的升高，气温下降、降水量减少、植被生长减缓等因素逐渐显现，会导致土壤侵蚀的加剧；高的年降雨量会增加地表径流的量和速度，加速土壤侵蚀的过程。

三、空间分布

研究区土壤侵蚀强度总体为微度、轻度、中度侵蚀，其他侵蚀类型散乱分布于研究区内，呈斑点状分布的趋势。微度、轻度侵蚀主要分布在地形平坦区域，由于地形起伏较小，土地利用类型为建设用地，少有土壤直接裸露，导致其空间连续性较好且侵蚀强度较弱。中度侵蚀主要分布在林地和草地区域，由于地形起伏、人为经济活动及林下侵蚀的影响，导致其空间连续性较差。强烈及以上等级侵蚀强度分布面积较小，主要分布在裸露的山坡、山脊等植被覆盖度较低的区域。昌化江流域微度及轻度侵蚀区主要分布在东方市、乐东黎族自治县和五指山市，土地利用类型主要为林地，植被覆盖度较高，侵蚀强度较弱；中度侵蚀主要分布在昌江黎族自治县，土地利用类型为草地，植被覆盖度低且单一，受人为活动的影响是其侵蚀强度相对较大的原因；强烈及以上侵蚀强度区域主要分布在琼中黎族苗族自治县的红毛镇，该区域植被覆盖低，地形起伏大，导致侵蚀强度大。

四、变化规律

各年份昌化江流域土壤侵蚀面积统计如表 1 所示，从侵蚀面积上，昌化江流域 2022 年土壤侵蚀面积较 2020 年减小 21.32km²。从侵蚀程度上，剧烈侵蚀，减少了 0.273km²，这表明流域内自然侵蚀得到明显改善，土壤侵蚀得到有效控制。

表 1 昌化江流域 2020—2022 年水土流失动态变化

土壤侵蚀程度（t·km^{-2}·a^{-1}）	2020 年面积（km²）	2021 年面积（km²）	2022 年面积（km²）
微度侵蚀（<500）	4 784.489	4 751.738	4 763.274
轻度侵蚀（500～2500）	341.963	363.134	364.895
中度侵蚀（2500～5000）	146.672	147.287	141.497
强烈侵蚀（5000～8000）	35.662	27.810	21.369
极强烈侵蚀（8000～15 000）	11.064	8.704	7.770
剧烈侵蚀（>15 000）	0.427	0.163	0.154

本地区常常面临各种地质灾害的威胁，其主要位于中国的地震多发区之一，地震频繁且强度较大。主要的地震带包括滇藏地震带、龙门山地震带等。地震可能导致建筑物倒塌、土地滑坡、山体滑坡等灾害，造成严重的人员伤亡和财产损失。南方地区多山丘陵，地势起伏大，降水量较大，土壤多为黏性土壤，容易发生滑坡和泥石流。雨季来临时，山体容易发生松动，导致滑坡和泥石流灾害，对居民和农田造成严重威胁。由于南方地区的地下水开采过度或不合理开采，导致地下空洞的形成，地面出现塌陷现象。这种地质灾害通常会对当地的城市和农田造成严重破坏，影响居民的生活和安全。南方地区的部分地区岩溶地貌发育，地下水侵蚀作用使岩层发生溶解，形成洞穴和地下空洞。当地面承载能力不足时，地表可能发生岩溶塌陷，对建筑物和道路造成损害。地质构造复杂的南方地区，常常存在地壳运动引起的地面裂缝。这些地面裂缝可能导致建筑物和道路的破坏，对当地的城市化进程和人们的生活造成影响。这些地质灾害给南方地区的生态环境、社会稳定和经济发展带来了巨大的挑战。为了减少地质灾害对社会的影响，需要采取有效的防灾减灾措施，包括地质灾害监测预警系统的建设、土地利用规划的合理布局、加强地质灾害隐患点治理等措施，以确保当地居民的生命财产安全。

南方重点生态区的地质环境主要受地质构造、岩性分布和地貌特征等因素影响。以下是南方重点生态区地质环境的主要特点：①在地质构造方面，南方重点生态区地质构造复杂多样。在南方，存在多条重要的构造线，如秦岭－大巴山构造线、横断山脉、红水河断裂带等，这些构造线在地质历史上扮演了重要角色，影响了地区的地貌特征和岩性分布。②在岩性分布方面，南方重点生态区的岩性多样，包括了花岗岩、片麻岩、砂岩、页岩等。不同的岩性对土壤类型、植被分布和水文地质等方面都有着直接的影响。例如，花岗岩多孔性小、透水性差，会影响水文地质条件，而页岩则常常是重要的水源涵养区。③在地貌特征方面，南方重点生态区的地貌特征丰富多样，包括了山地、丘陵、盆地、平原等多种地貌类型。这些地貌类型对于生态系统的形成和分布具有重要影响。例如，山地地貌容易发生水土流失，而平原地貌适宜农业发展。④在矿产资源方面，南方重点生态区地质条件多样，部分地区富含矿产资源，如铁矿、锰矿、钨矿、锡矿等。这些矿产资源的开发利用对当地生态环境和地质环境都有一定的影响，需要进行合理开发和保护。⑤在地质灾害方面，南方地区常常受到地质灾害的威胁，如地震、滑坡、泥石流等。地质灾害对于生态系统和人类活动都会造成严重影响，因此需要加强地质灾害防治和减灾工作。南方重点生态区的地质环境具有多样性和复杂性，地质条件对于生态系统的形成和演变、水文地质条件、矿产资源分布等方面都具有重要影响。因此，在生态保护和经济发展中，需要充分考虑地质环境因素，实现生态、经济和社会的可持续发展。

南方地区的土壤地球化学特征受到多种因素的影响，包括岩性、气候、植被、水文地质等。南方地区多雨多湿，植被茂密，有机质分解速度快，因此土壤呈酸性较多。这种酸性土壤通常富含铝、锰、铁等元素。由于南方地区岩石中铝、铁等元素含量较高，土壤中常含有较多的铝铁氧化物，这些氧化物对土壤的物理化学性质有一定影响，如提高土壤的离子交换能力和团聚体稳定性。南方地区气候湿润，有利于矿物质的风化和土壤养分的释放，因此土壤中通常富含钾、磷等养分元素，对于农作物的生长有一定的促进作用。南方地区气候湿润，植被茂密，有利于植物残体的分解和有机物的积累，因此土壤中通常有较高的有机质含量，有利于提高土壤的肥力和保水性。南方地区土壤中通常含有丰富的微量元素，如锌、铜、锰等，这些微量元素对于植物的生长和健康有着重要作用。南方地区降雨充沛，土壤水分充足，因此土壤的饱和度较高，有利于植物的生长和根系的发育。不同土地利用类型差异明显：不同土地利用类型对土壤地球化学特征有着不同程度的影响。例如，森林土壤通常有较高的有机质含量和微生物活性，而农田土壤则受到化肥施用和耕作等活动的影响，养分含量可能较高但有机质含量相对较低。总的来说，南方地区的土壤地球化学特征在一定程度上反映了当地的地质、气候和植被等自然条件，这些特征对于农业生产、生态环境保护和土地资源管理具有重要的意义。

第五章 开发利用保护建议

南方重点生态区矿山环境修复区划图

南方重点生态区重要农耕区优质土地开发利用建议图

云贵高原农耕区（滇中楚雄地区）优质土地开发利用建议图

武陵山农耕区（湖南省凤凰县、龙山县）优质土地开发利用建议图

南方重点生态区重要水源涵养区水源涵养功能分区图

大别山区西段水源涵养功能效率指数分布图

秦巴山区（汉江流域陕西段）水源涵养功能分区图

南方重点生态区矿山环境修复区划图

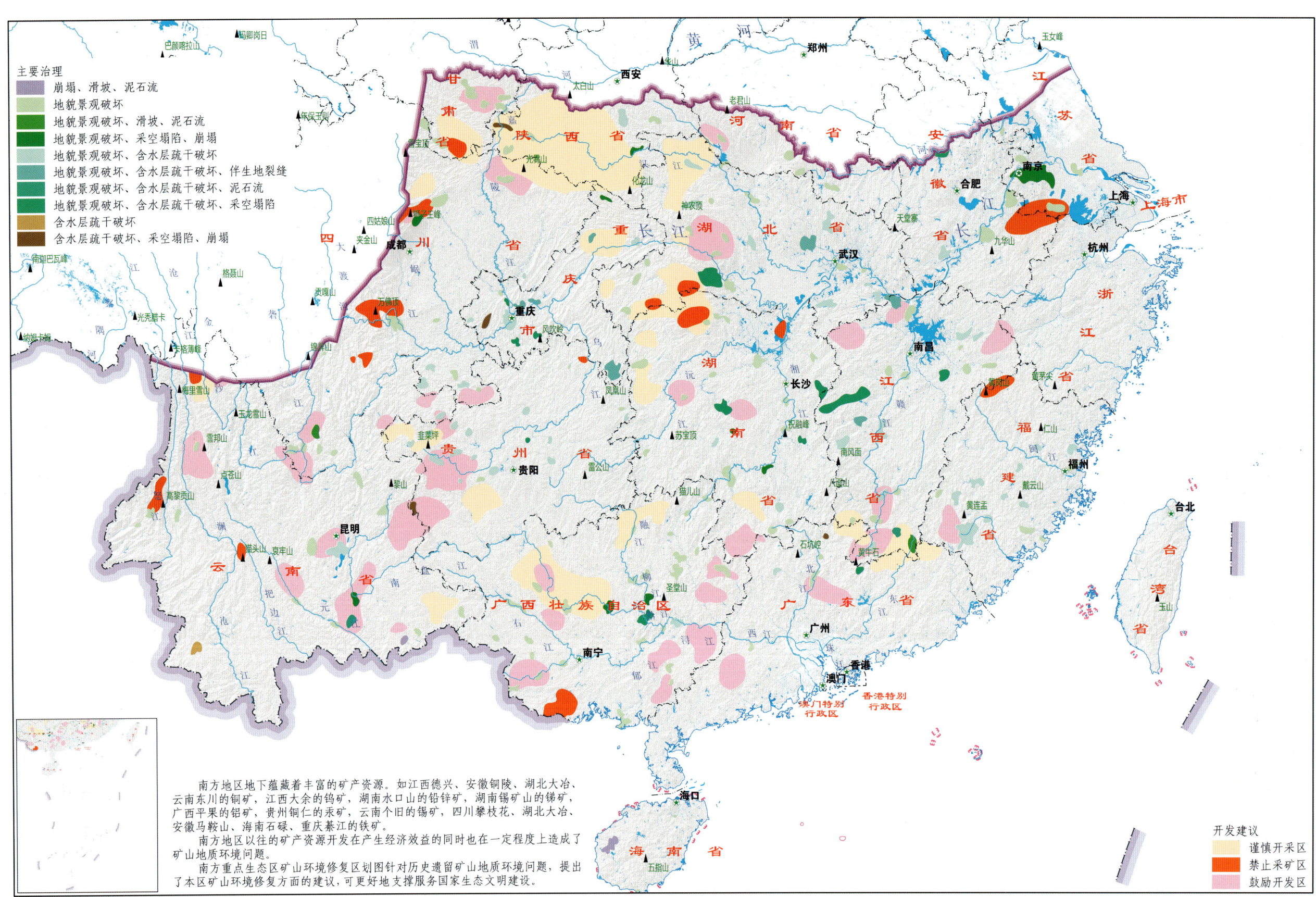

南方重点生态区重要农耕区优质土地开发利用建议图

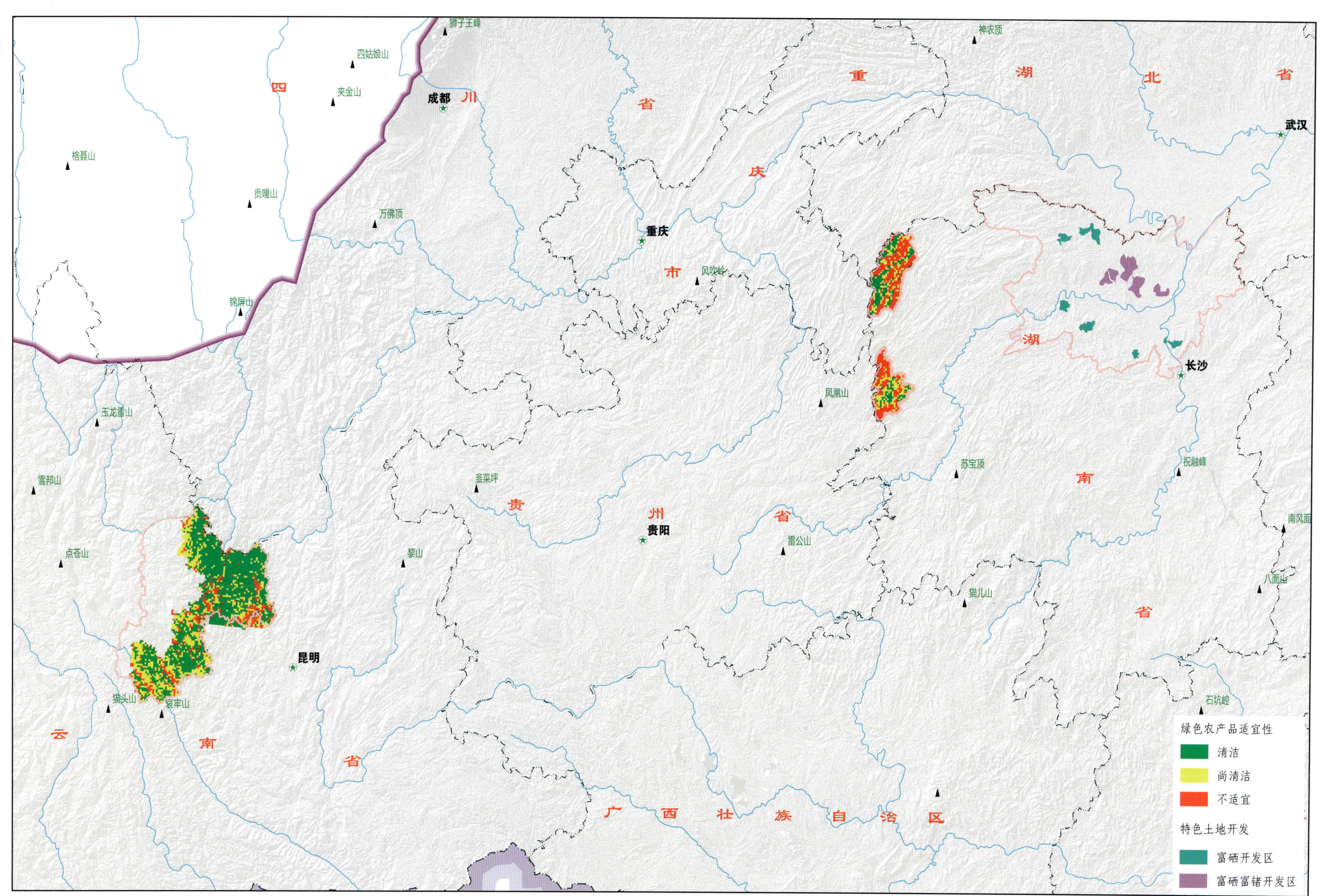

云贵高原农耕区（滇中楚雄地区）优质土地开发利用建议图

色区	面积（km²）	比例（%）
清洁	7733	57.93
尚清洁	3965	29.71
不适宜	1650	12.36

色区	面积（km²）	比例（%）
适宜	12 483	93.51
不适宜	866	6.49

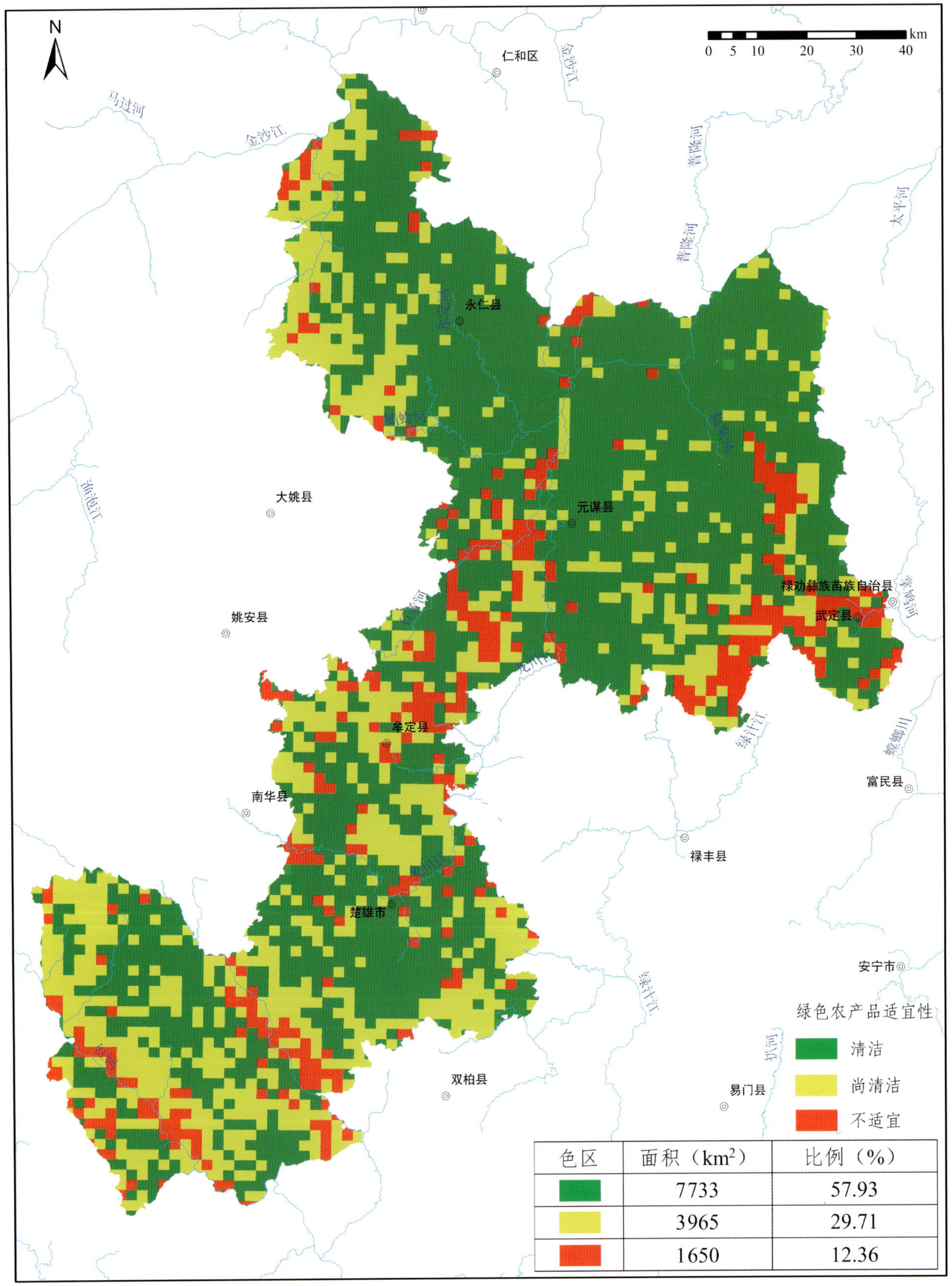

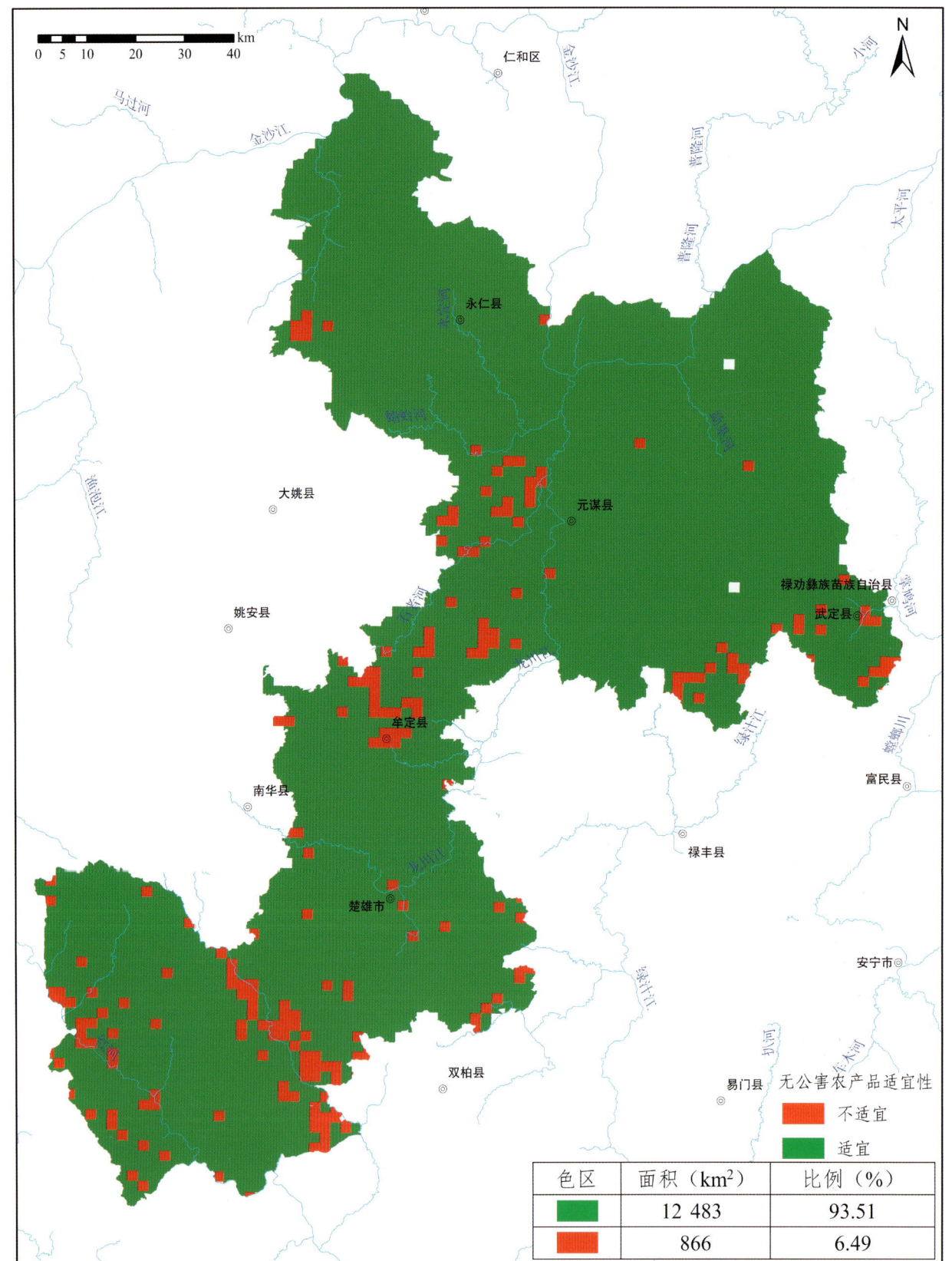

数据来源为 1：25 万土地质量地球化学调查表层土壤实测数据，有关采样按《土地质量地球化学评价规范》（DZ/T 0295—2016）的要求展开，分析化验由四川省地质矿产勘查开发局综合岩矿测试中心（成测中心）、湖北地质实验测试中心（湖北测试中心）、昆明中心实验室 3 家单位承担，均通过数据验收。

图（左）为绿色农产品适宜性评价图，选择镉、汞、砷、铅、铬和铜这 6 个环境元素，用实测值/风险筛选值（不同 pH）得到参数 C_i，再用尼梅尼综合污染指数法进行计算，镍和锌元素因为没有明确的土地利用类型的限制，故不作选择（表 1）。

表 1 农用地土壤污染风险筛选值

序号	污染物项目		风险筛选值			
			pH ≤ 5.5	5.5 < pH ≤ 6.5	6.5 < pH ≤ 7.5	pH > 7.5
1	镉	水田	0.3	0.4	0.6	0.8
		其他	0.3	0.3	0.3	0.6
2	汞	水田	0.5	0.5	0.6	1
		其他	1.3	1.8	2.4	3.4
3	砷	水田	30	30	25	20
		其他	40	40	30	25
4	铅	水田	80	100	140	240
		其他	150	150	200	250
5	铬	水田	250	250	300	350
		其他	150	150	200	250
6	铜	果园	150	150	200	200
		其他	50	50	100	100

尼梅罗综合污染指数：

$$P_{综合} = \sqrt{\frac{Z_{i,\max}^2 + Z_{i,\text{aver}}^2}{2}}$$

式中：$Z_{i,\max}^2$ 为污染物中最大污染指数；$Z_{i,\text{aver}}^2$ 为土壤各污染指数平均值。

根据单元素质量指数 Z_i 和综合污染指数 P 综合，进行土壤污染等级划分（表 2）。

表 2 土壤污染分级标准

等级划分	单元素质量指数	综合污染指数	污染等级	污染水平
Ⅰ	$Z_i ≤ 0.7$	$P ≤ 0.7$	安全	清洁
Ⅱ	$0.7 < Z_i ≤ 1$	$0.7 < P ≤ 1$	警戒级	尚清洁
Ⅲ	$1 < Z_i ≤ 2$	$1 < P$	污染	不适宜

综合计算可得，清洁区面积为 7733 km²，约占 57.93%，尚清洁区面积为 3965 km²，约占 29.71%，不适宜区面积为 1650 km²，约占 12.36%。

图（右）为无公害农产品适宜性评价图，参照无公害蔬菜产地环境质量要求进行数据处理。

表 3 土壤环境质量要求

项目	含量限值					
	pH < 6.5		6.5 < pH ≤ 7.5		pH > 7.5	
镉 ≤	0.3		0.3		0.4a	0.6
汞 ≤	0.25b	0.3	0.3b	0.5	0.35b	1
砷 ≤	30c	40	25c	30	20c	25
铅 ≤	50d	250	50d	300	50d	350
铬 ≤	150		200		250	

注：本表所列含量限值适用于阳离子交换量 > 5cmol/kg 的土壤，若 ≤ 5cmol/kg，其标准值为表内数值的半数

a. 白菜、莴苣、茄子、蕹菜、芥菜、苋菜、芜菁、菠菜的产地应满足此要求。

b. 菠菜、韭菜、胡萝卜、白菜、菜豆、青椒的产地应满足此要求。

c. 菠菜、胡萝卜的产地应满足此要求。

d. 萝卜、水芹的产地应满足此要求。

元素含量实测值符合上表条件的为适宜，不满足的为不适宜。综合得到，滇中楚雄地区无公害农产品适宜区面积为 12 483 km²，约占 93.51%，不适宜区面积为 866 km²，约占 6.49%，集中分布于楚雄市、牟定县和武定县南部地区。

武陵山农耕区（湖南省凤凰县、龙山县）优质土地开发利用建议图

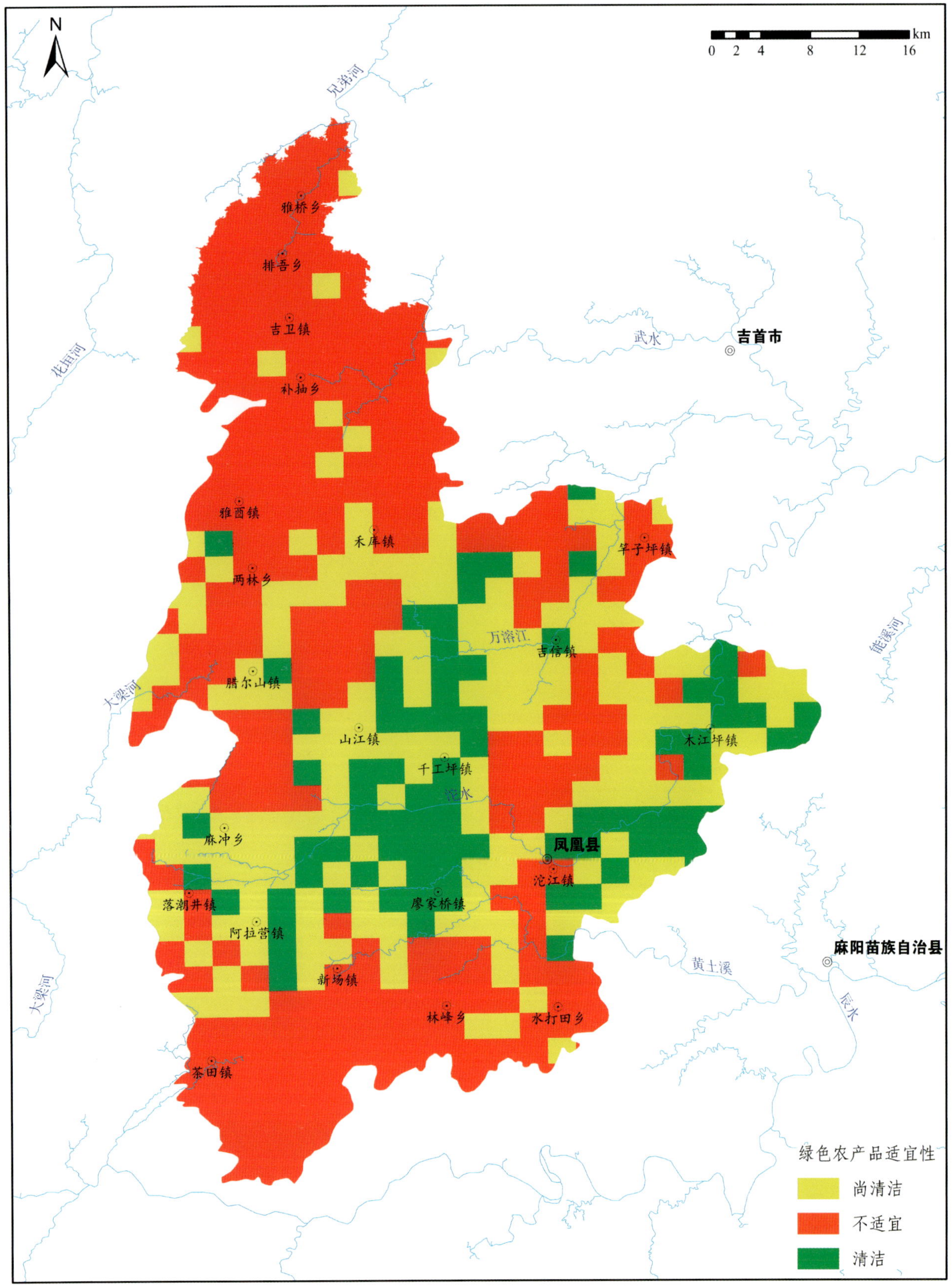

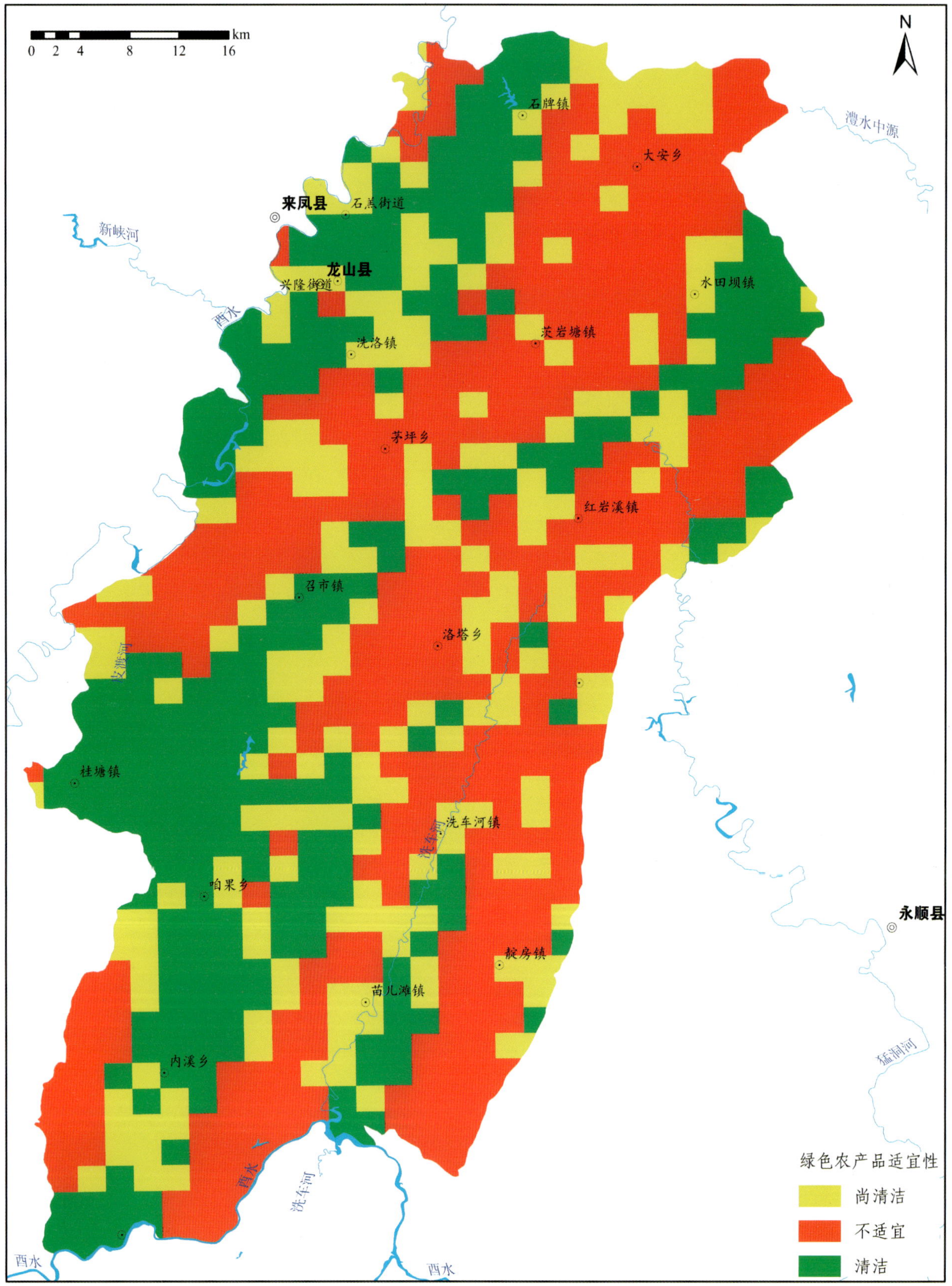

图件数据来源于南方重点生态区生态保护修复支撑调查工程下属三级项目——湘西片区土地质量地球化学调查，根据《绿色食品　产地环境调查、监测与评价规范》（NY/T 1054—2021）中要求，首先对 Hg、As、Pb、Cd、Cr 等重金属元素进行单指标评价。评价公式：

$$P_i = \frac{C_i}{S_i}$$

式中：P_i 为监测项目 i 污染指数；C_i 为土壤中 i 指标的实测浓度；S_i 为土壤中 i 指标的评价标准限值，采用《绿色食品　产地环境质量》（NY/T 391—2021）中土壤环境质量标准值（表1）。

表1　适宜绿色食品产地土壤环境质量评价标准

项目	pH 值			备注
	＜ 6.5	6.5～7.5	＞ 7.5	
Cd（≤）	0.30	0.30	0.40	水田、旱地一致
Hg（≤）	0.25	0.30	0.35	采用旱田标准值
As（≤）	20	20	15	采用水田标准值
Pb（≤）	50	50	50	水田、旱地一致
Cr（≤）	120	120	120	水田、旱地一致
Cu（≤）	50	60	60	水田、旱地一致

注：单位为 mg/kg。

如果有一项单项污染指数大于1，则视该产地环境质量不符合要求，不适宜发展绿色食品。

如果单项污染指数均小于或等于1，则继续进行综合污染指数评价。综合污染指数按下式计算：

$$P_{综} = \sqrt{\left[(C_i/S_i)^2_{max} + (C_i/S_i)^2_{ave}\right]/2}$$

式中：$P_{综}$ 为土壤的综合污染指数；$(C_i/S_i)_{max}$ 为土壤中污染物中污染指数的最大值；$(C_i/S_i)_{ave}$ 为土壤中污染物中指数的平均值；C_i 为土壤中 i 指标的实测浓度；S_i 为土壤中 i 指标的评价标准限值。

图中显示，凤凰县有 193.24km² 的土地属于清洁，占比 9.46%，龙山县有 964.22km² 的土地属于清洁，占比 30.37%。

南方重点生态区重要水源涵养区水源涵养功能分区图

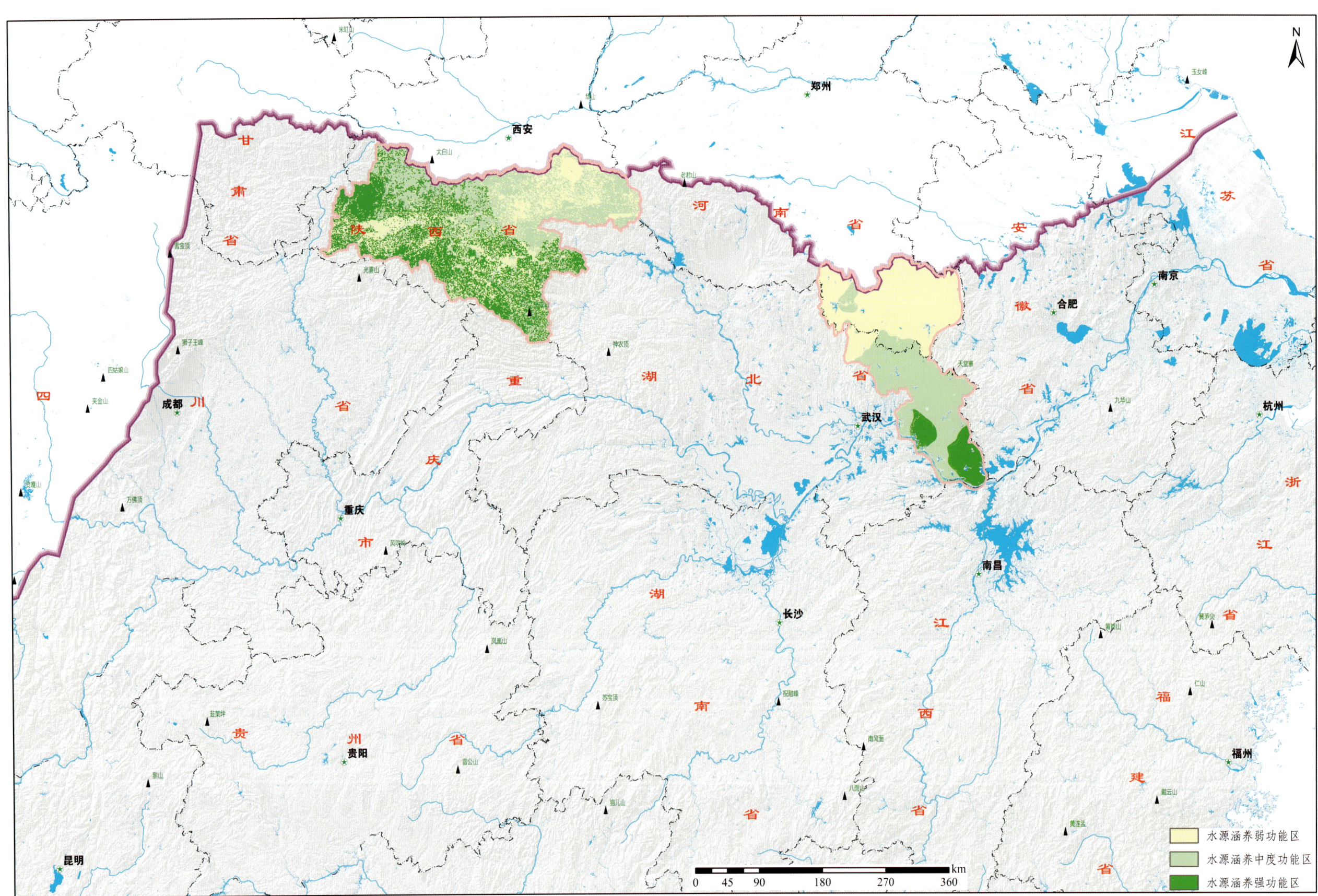

一、汉江流域陕西段水源涵养功能分区评价

汉江流域陕西段位于陕西省南部，地处我国重要的生物多样性与水源涵养生态功能区—秦巴山区，同时该区也是南水北调中线工程的重要水源地。本次评价基于水量平衡原理，利用 InVEST 模型，根据区内多年平均降水量、潜在蒸散量、土地覆盖类型、植被蒸散系数 Kc、土壤有效含水量等数据，计算出平均产水量，再结合研究区不同土壤类型的饱和导水率、地形指数和流速系数定量计算水源涵养量，据此进行秦巴山区（汉江流域陕西段）水源涵养功能区划分。

（一）水源涵养量结果及分布特征

秦巴山区水源涵养量较高区域位于南部镇巴县以及汉中市西侧区域，较低区域除汉中盆地和安康盆地外，东北部商洛市大部分区域水源涵养量也较低。水源涵养量整体上表现出南部大巴山高于北部秦岭地区，山区高于盆地区的空间分布特征。

（二）水源涵养功能评价结果

参考《国家生态保护红线—生态功能红线划定技术指南（试行）》的分级分类方法，在 ArcGIS 软件中采用 Quantile(分位数)重分类方法进行 3 级分类，将秦巴山区（汉江流域陕西段）水源涵养功能划分为弱功能区、中度功能区、强功能区 3 个级别。利用 ArcGIS 统计分析功能对各强弱分区进行了统计，表 1 显示，汉江流域上游陕西段水源涵养强弱分区面积差异不大，分布规律较为明显，其中，水源涵养弱功能区面积为 21 876km²，占全区面积的 33.34%，主要分布在汉中盆地、安康盆地、商丹盆地、镇安盆地等人口分布比较密集的城镇及山间盆地区，这些地区分布有大量建筑用地、工矿用地、大面积农田，森林等植被覆盖率较低，故不利于涵养水源；水源涵养中度功能区面积为 21 968km²，占全区总面积的 33.49%，主要分布在北部秦岭以及东北部的商洛地区；水源涵养强功能区面积为 21 760km²，占全区面积比例为 33.17%，主要分布在研究区西侧以及南部大巴山地区，该区域降水充沛、水系众多且植被覆盖率较高，土壤持水性好，具有较强的涵养水源能力。

表 1　汉江流域陕西段水源涵养功能强弱分区统计

分区	面积（km²）	面积比例（%）
水源涵养弱功能区	21 876	33.34
水源涵养中度功能区	21 968	33.49
水源涵养强功能区	21 760	33.17

二、大别区西段水源涵养功能分区评价

目前评价生态系统水源涵养功能的常用方法有水量平衡法、年径流法、地下径流增长法、降水储存法、综合蓄水能力法和林冠层截留法等。其中，基于 Budyko 理论的 InVEST 模型由于可视化程度高、动态性强和数据易获取等优点，被国内外学者广泛应用，如美国夏威夷群岛、印度尼西亚以及中国北京山区森林、太湖流域、白洋淀–大清河流域等都有案例。

InVEST 模型中的产水量模块基于水量平衡方法，通过考虑不同土地利用类型下土壤渗透性的空间差异，结合地形、地表粗糙程度对地表径流的影响，利用降水量减去实际蒸散量计算得出每一栅格上的水源涵养量，以栅格为单元定量评价不同地块的水源涵养能力。

InVEST 产水量模型所需要的数据包括土地利用/覆被、年降水量和年潜在蒸散发量、根限制层深度、植被可利用水分、集水区和子集水区以及反映每种土地利用/覆被属性的表格。

模型运行后得到产水量分布，2018 年产水量在 376～886mm 之间，区域均值为 582mm；空间分布特征整体呈现自东南向西北减少的态势。用产水量与降水量的比值作为水源涵养效率指数，用以客观反映地区水源涵养能力。2018 年总产水量为 222.8 亿 m³，区域降水量为 1 204.9mm，水源涵养效率指数为 0.48。从空间分布上看，大别山区西段产水量及水源涵养效率指数均呈南高北低、阶梯变化的特点。

水源涵养效率指数南北差异主要受生态系统格局和水热条件影响，南部地区以森林生态系统为主，水域面积广，降水量大；北部地区以农田生态系统为主，旱地面积大，相对少雨。生态系统格局变化改变了蒸散发，而潜在蒸散发量与水源涵养量呈显著负相关。不同的生态系统类型，其土壤的物理结构、疏松程度、透水性能不同，从而导致不同的土壤保水、蓄水能力。森林生态系统、湿地生态系统、草地生态系统能有效减少蒸散发量，而农田生态系统和城镇生态系统降低了土壤的持水能力，增加了雨水的地表径流和下渗，同时，也改变了植被的物候期，缩短了植被的生长时间，增加了生态系统的蒸散发。

2018 年大别山区西段水源涵养效率指数分布在 0.37～0.6 之间，水源涵养功能划分为弱功能区（水源涵养效率指数 0.37～0.44）、中度功能区（水源涵养效率指数 0.44～0.5）、强功能区（水源涵养效率指数 0.5～0.6）3 个级别。

大别山区西段水源涵养功能效率指数分布图

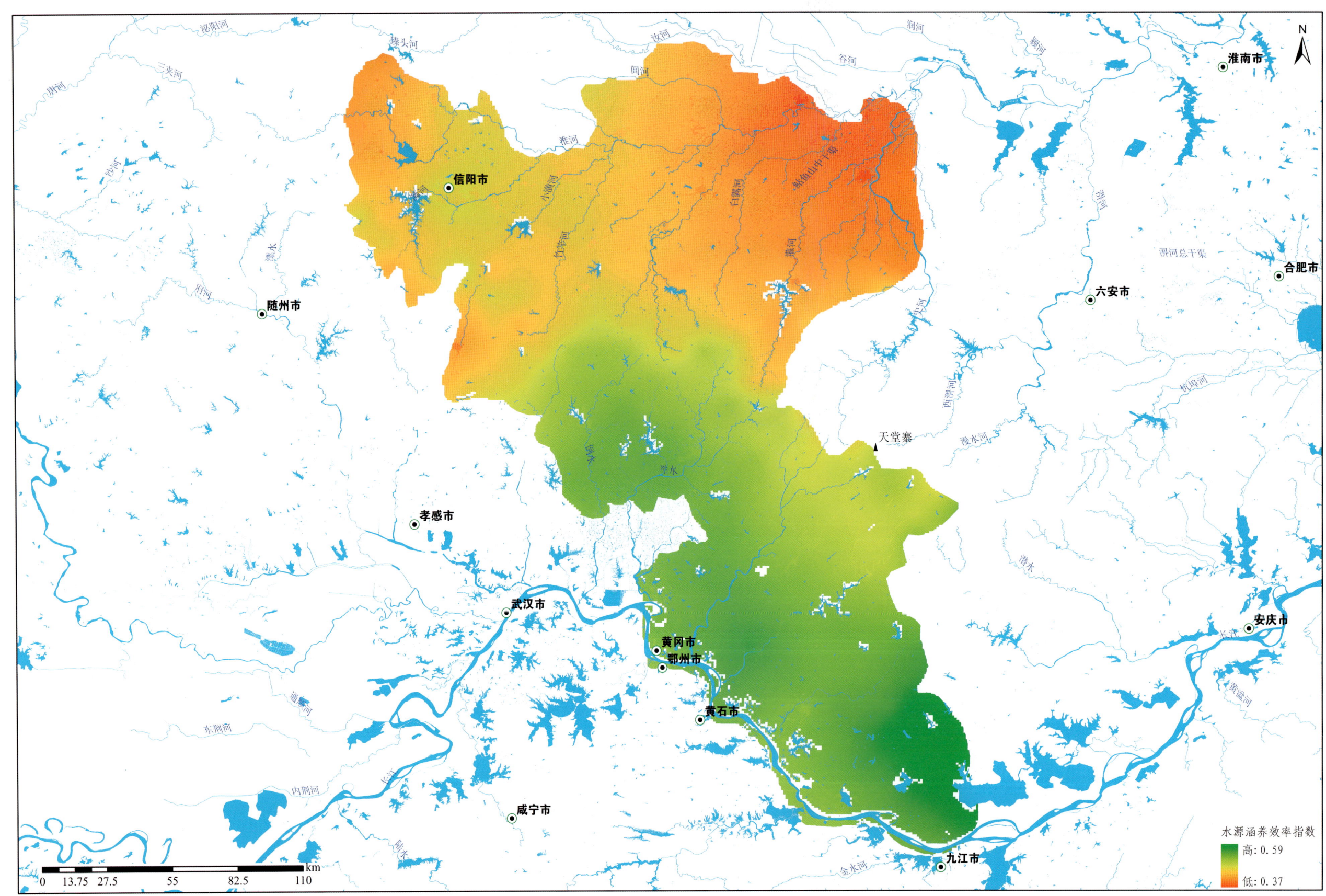

InVEST（Integrated Valuation of Ecosystem Services and Trade-offs）是一种开源软件工具，旨在评估自然生态系统提供的生态系统服务及其与人类活动之间的权衡关系。该模型由美国斯坦福大学的自然资本项目开发，并得到了世界范围内许多科学家和决策者的广泛应用。

InVEST模型通过整合地理信息系统（GIS）技术和生态学原理，可以量化和分析各种生态系统服务，例如水资源供给、碳储存与吸收、生物多样性维持、防洪保护、沿海保护等。这些生态系统服务对于人类福祉和经济发展至关重要。

大别山区西段是中国长江流域的重要组成部分，对于长江流域的水资源供给和生态安全具有重要意义。产水量及水源涵养效率指数分析可以帮助我们了解该地区水资源的产出情况和生态系统的水源保护能力。

产水量是指单位时间内地表径流、地下径流和蒸散发等因素共同形成的水量。通过对大别山区西段的产水量进行分析，可以了解该地区水资源的丰富程度和变化趋势。这包括对不同季节、不同地形地貌、不同土地利用类型等因素对产水量的影响进行评估，从而为水资源管理和规划提供科学依据。

水源涵养效率指数是指生态系统在单位面积内对水资源的保护和储存能力。通过分析大别山区西段的水源涵养效率指数，可以评估该地区生态系统的水源保护能力和水土保持能力。这包括对植被覆盖情况、土壤保持能力、地形地貌等因素对水源涵养效率的影响进行评估，从而为生态保护和水资源管理提供参考依据。

将产水量和水源涵养效率指数进行综合分析，可以全面了解大别山区西段的水资源情况和生态系统健康状况。同时，还可以通过比较不同区域、不同时间段的数据，分析其变化趋势和影响因素，为制定合理的水资源管理政策和生态保护措施提供科学支持。总的来说，产水量及水源涵养效率指数分析有助于深入了解大别山区西段的水资源状况和生态环境状况，为保护和管理该地区的水资源提供科学依据和决策支持。

大别山区西段产水量及水源涵养效率指数呈现南高北低、阶梯变化的特点可能受到以下几方面因素的影响：①地形地貌差异，大别山区西段地处长江中上游地区，地形复杂多样，南部山地多、地势较高，而北部地势较为平坦。山地地形对雨水的拦截和聚集有利，有利于产生较多的地表径流和地下径流，从而使南部地区的产水量相对较高。同时，山地地形对于水源涵养具有良好的保护作用，增加了南部地区的水源涵养效率。②气候差异，大别山区西段从南向北气候逐渐过渡，南部地区气候湿润，降水量相对较高，而北部地区气候相对干燥，降水量较少。较高的降水量使得南部地区的产水量更为丰富，同时也增加了南部地区的水源涵养效率。③土地利用差异，南部地区山地覆盖较多，植被密度相对较高，土壤保持能力较强，有利于水资源的保护和涵养。而北部地区农业用地较多，土地被开垦为农田，植被覆盖度较低，土壤侵蚀加剧，水源涵养能力相对较弱，导致北部地区的水源涵养效率较低。④人类活动影响，南部地区相对偏远，人类活动相对较少，生态环境相对较为原始，有利于水资源的保护和涵养。而北部地区经济发展较为集中，人口密度较高，农业、工业等人类活动对生态环境造成了一定的影响，降低了水源涵养效率。综上所述，大别山区西段产水量及水源涵养效率指数呈现南高北低、阶梯变化的特点主要受地形地貌、气候、土地利用和人类活动等多种因素的综合影响。

秦巴山区（汉江流域陕西段）水源涵养功能分区图

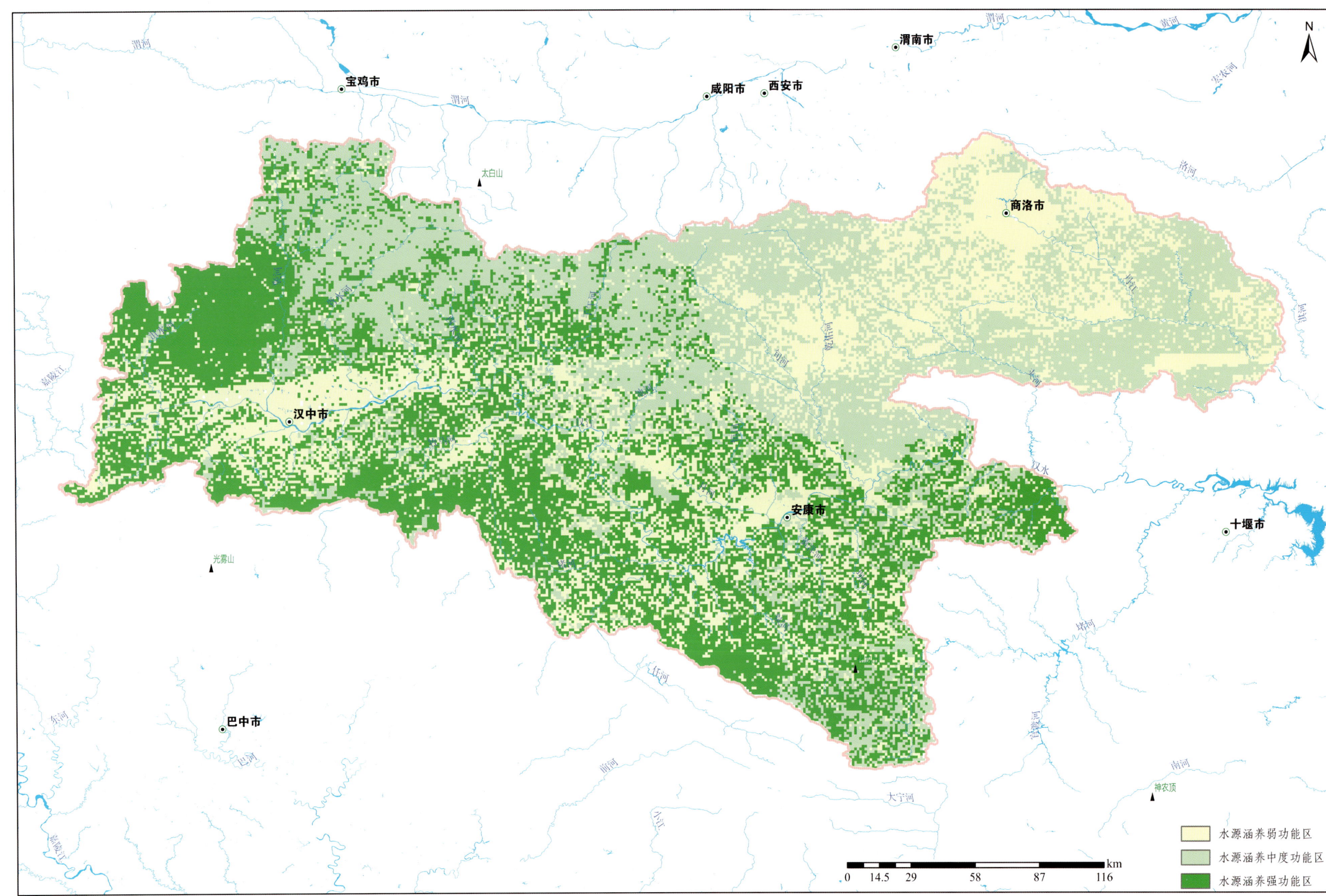

一、数据来源

研究所用主要数据来源如表1所示。

表1 主要数据来源

数据名	数据来源及处理
DEM 数据	地理空间数据云，30m 分辨率 SRTM 的数字高程数据
降水量	国家气象科学数据中心
潜在蒸散量	年平均气温、日最高气温、日最低气温、日照、湿度以及风速数据，利用 FAO-56 Penman-Monteith 公式计算
植物可利用含水量	田间持水量和永久萎蔫系数两者之间的差值，二者分别由经验公式计算
Zhang 系数	基期的降水径流关系得到年平均自然径流量，与多年平均自然径流量，经过反复校验得出，遵循数值最接近自然径流量的原则
地形指数	根据土壤深度、百分坡度和汇水面积计算获得
土壤饱和导水率	基于实地土壤黏粒、粉粒和粗砂质量分数值预测出研究区内每种类型土壤的饱和导水率（Neuro Theta 软件）
流速系数	采用模型参数表数据
植被覆盖度	中国科学院地理科学与资源研究所网站
土地利用方式	中国科学院地理科学与资源研究所网站
土壤数据	世界土壤数据库（HSWD）的中国土壤数据集，空间分辨率为 1km

二、评价结果

汉江流域陕西段是中国长江流域的重要组成部分，其水资源承载着重要的生态、经济和社会功能。水源涵养量是指地表水和地下水在地下储存、保持和补给方面的能力，是保障水资源可持续利用的重要指标。以下是对汉江流域陕西段水源涵养量结果及分布特征的可能分析：①山地区域水源涵养量较高，汉江流域陕西段地势复杂，南部地区以秦岭山脉为主，地形起伏较大，有利于雨水的拦蓄和地下水的充分补给，因此山地区域的水源涵养量可能较高。秦岭山脉的森林覆盖广泛，植被密度高，土壤保持能力强，有助于增加水源涵养量。②植被覆盖对水源涵养的影响，汉江流域陕西段植被覆盖情况对水源涵养量有重要影响。植被覆盖茂密的地区，植物通过蒸腾作用将地下水提升至地表，形成地表径流，并且能够增加土壤的渗透性，促进地下水的补给，因此这些地区的水源涵养量可能较高。③土地利用结构对水源涵养的影响，汉江流域陕西段土地利用结构的不同会直接影响水源涵养量。若农田、城镇等非自然覆盖地面增加，土壤侵蚀加剧，植被减少，导致水源涵养能力降低。而若是森林、草地等自然覆盖地面增加，则有助于提高水源涵养量。④地下水补给的特点，汉江流域陕西段的地下水补给主要来源于降水和地表径流的渗漏，地下水储存主要在地下水含水层中。地下水补给的特点对水源涵养量分布有一定影响，比如地形起伏大的山地区域，地下水补给相对充足。⑤人类活动对水源涵养的影响，汉江流域陕西段的人类活动如农业、工业、城镇化等，可能对水源涵养产生影响。大规模的土地开发、水土流失加剧、水体污染等活动会削弱水源涵养能力，导致水源涵养量下降。

汉江流域陕西段水源涵养量受地形地貌、植被覆盖、土地利用、地下水补给和人类活动等多种因素的综合影响，具有一定的空间分布特征。针对不同区域的特点，有针对性地采取水资源保护措施，对于维护汉江流域陕西段的生态安全和水资源可持续利用具有重要意义。

第六章 地质文化与旅游地质

南方重点生态区地质文化村建设分布图

南方重点生态区地质遗迹分布图

南方重点生态区旅游资源分布图

南方重点生态区地质文化村建设分布图

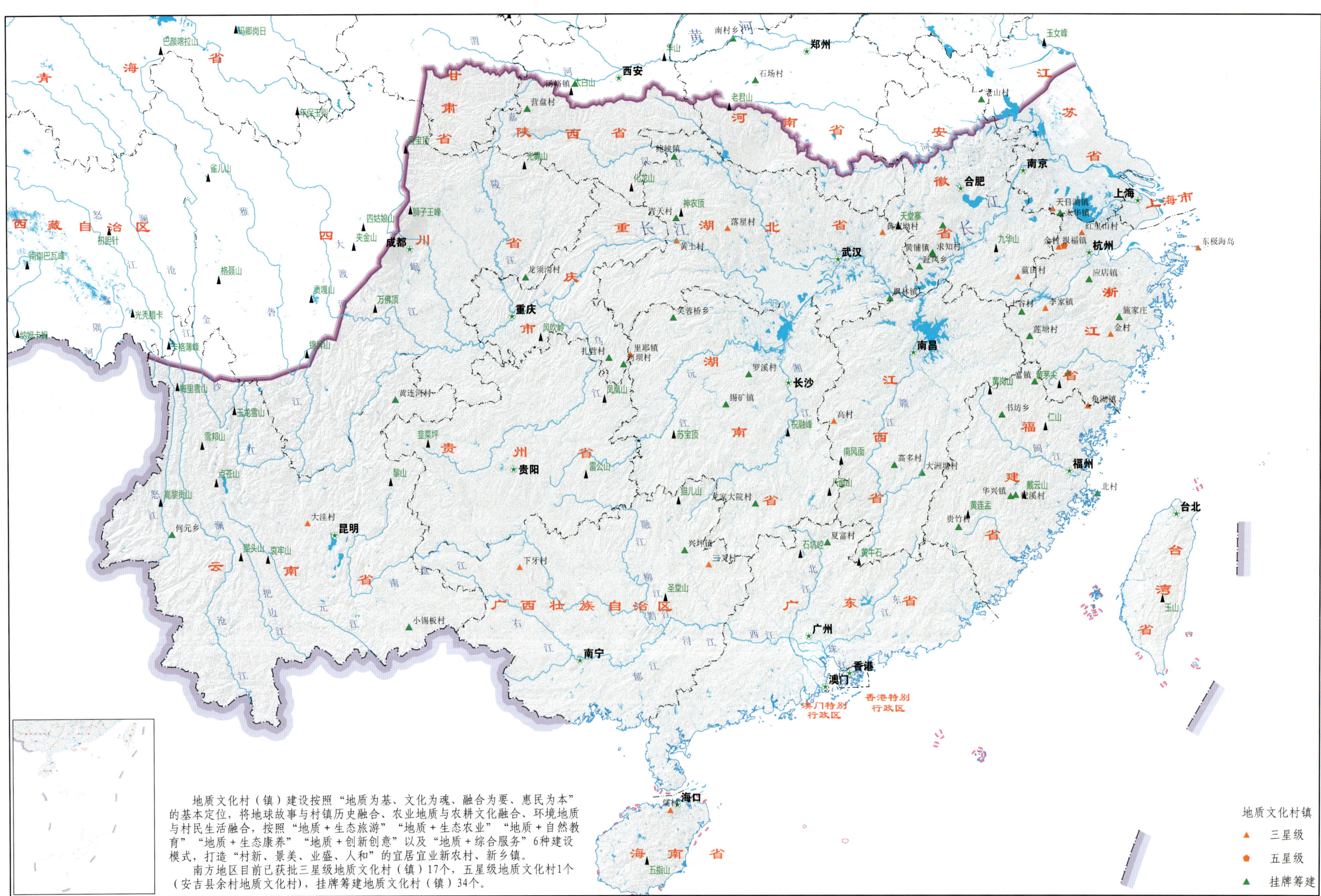

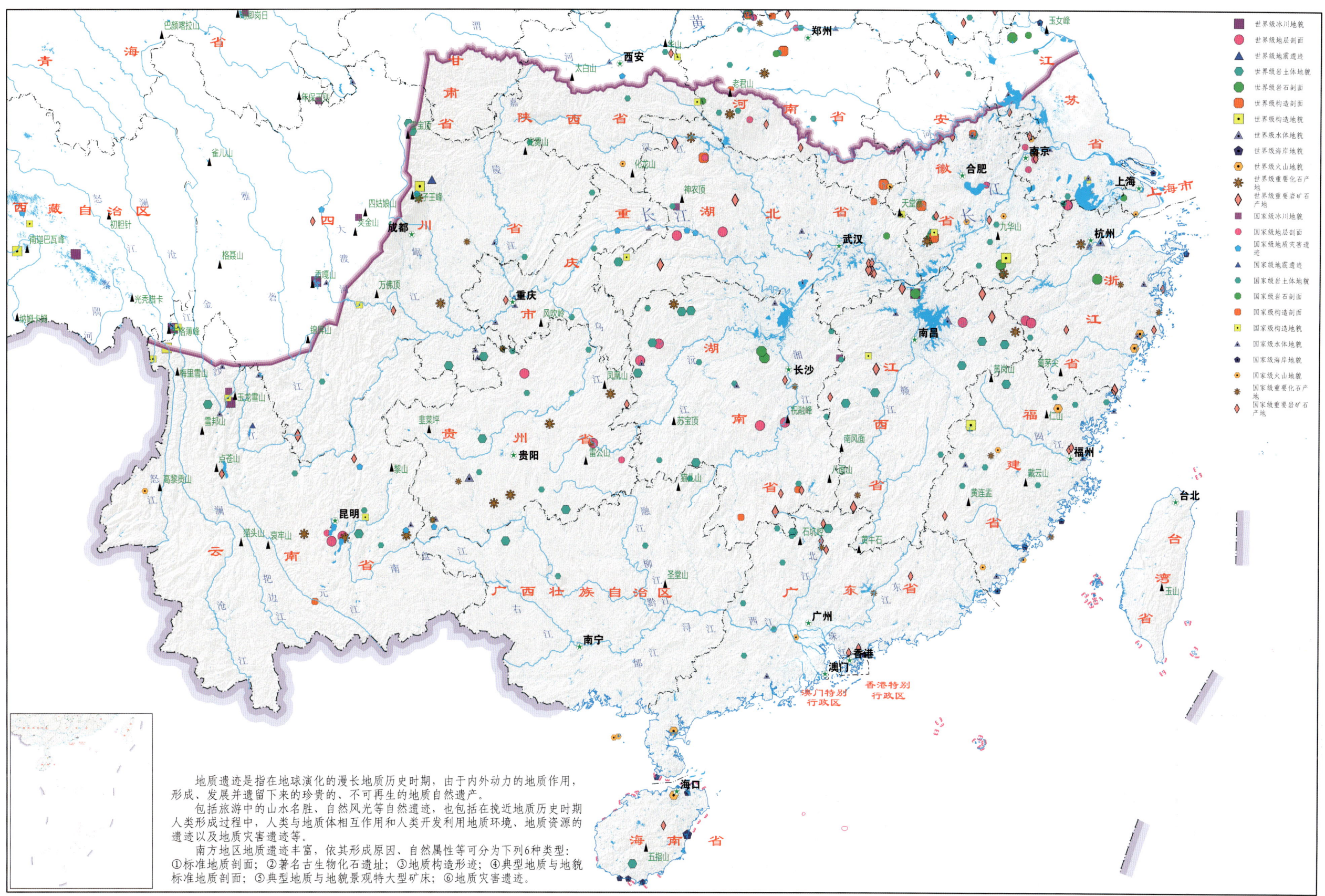

南方重点生态区地质遗迹分布图

南方重点生态区旅游资源分布图

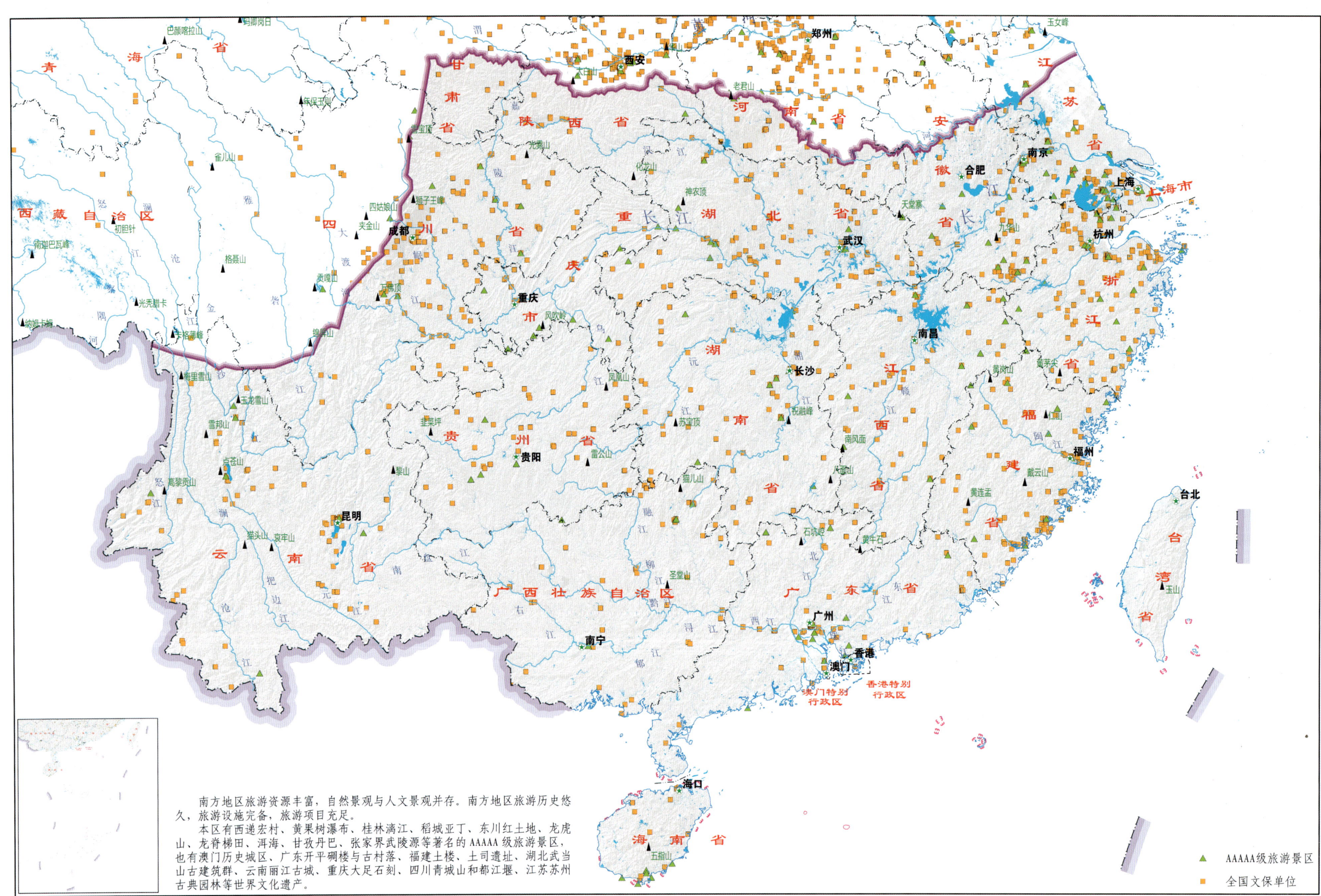